ClimatePartner °

Dieses Buch wurde klimaneutral hergestellt. CO_2-Emissionen vermeiden, reduzieren, kompensieren –
nach diesem Grundsatz handelt der oekom verlag. Unvermeidbare Emissionen kompensiert der Verlag
durch Investitionen in ein Gold-Standard-Projekt. Mehr Informationen finden Sie unter www.oekom.de

Bibliografische Information der Deutschen Nationalbibliothek:
Die Deutsche Nationalbibliothek verzeichnet diese Publikation in der Deutschen Nationalbibliografie;
detaillierte bibliografische Daten sind im Internet über http://dnb.d-nb.de abrufbar.

© 2011 oekom verlag, München
Gesellschaft für ökologische Kommunikation mbH, Waltherstraße 29, 80337 München

Lektorat: Helena Obermayr
Korrektorat: Silvia Stammen
Gestaltung: Heike Tiller, München
Umschlaggestaltung: Torge Stoffers, Leipzig
Umschlagillustration: Iraidka, shutterstock images
Satz: a.visus, München
Druck: AZ Druck und Datentechnik GmbH, Kempten

Der Innenteil dieses Buches wurde auf 100%igem Recyclingpapier
gedruckt, ausgezeichnet mit dem Blauen Engel.

Weert Canzler, Andreas Knie

Einfach aufladen

Mit Elektromobilität in eine
neue Zukunft

Einleitung:
Aufbruch
in eine neue Zeit?

Als am 3. Mai 2010 die deutsche Bundeskanzlerin zum »Elektromobilgipfel« nach Berlin einlud, war dies gleich in mehrfacher Hinsicht eine denkwürdige Veranstaltung. So viel Prominenz aus Wirtschaft, Wissenschaft und Politik hatte selbst Berlin bis dato noch nicht gesehen. Gekommen waren nicht nur fast das halbe Bundeskabinett, mehr als 30 Vorstandsvorsitzende der größten deutschen Unternehmen und die Spitzen der Arbeitgeber- und Arbeitnehmerverbände, sondern auch alle für das Thema einschlägig bekannten Professoren. (Im Folgenden wird in aller Regel die männliche Form benutzt, gemeint sind selbstverständlich immer beide Geschlechter.) Bemerkenswert war auch der herrschende Grundtenor der Veranstaltung: eine Mischung aus Aufbruchstimmung und Ratlosigkeit. Insbesondere die Vertreter der Bundesministerien verbreiteten eine Stimmung, dass man sich fühlte, als wäre man abends ins Bett gegangen, um am nächsten Morgen aufzuwachen und plötzlich zu merken: Alle fahren elektrische Autos, nur sind es chinesische Fabrikate und keine deutschen. Deshalb sind die deutschen Hersteller, der industrielle Kern unserer Volkswirtschaft, in ihrer Existenz bedroht. Wir müssen handeln! In dieser hektischen Betriebsamkeit fehlte aber eins: der Plan. Zwar konnte man sich noch auf die Gründung einer Gemeinsamen Geschäftsstelle Elektromobilität (GGEMO) sowie auf die Einsetzung einer Nationalen Plattform Elektromobilität (NPE) mit sieben thematisch ausgerichteten Arbeitsgruppen, koordiniert durch einen Lenkungskreis, verständigen. Doch wurde vergessen, diesen Gremien ein Programm mitzugeben.

Alle kamen zu der Erkenntnis, dass die Regierungen in China, Japan, den USA und in einigen westeuropäischen Ländern, allesamt wichtige Kernmärkte der Automobilbranche, Milliardensummen in die Entwicklung und Erprobung von elektrischen Fahrzeugen investieren. Also drohte Gefahr. Aber was tun? Zum damaligen Zeitpunkt herrschte insbesondere bei den deutschen Autoherstellern große Erklärungsnot wann immer sie gefragt wurden, warum sie keine E-Fahrzeuge im Angebot hätten. Wie und wo sollte man aber Fahrzeuge verkaufen können, die im Vergleich zu konventionellen Autos das Dreifache kosten, aber nur die Hälfte können?

Andere Branchen dagegen witterten neue geschäftliche Perspektiven. An vorderster Front: die großen Energieversorger. Man könnte ja, so der kühne Gedanke, die Republik mit Tausenden von Ladesäulen überziehen. Erste Modellrechnungen zeigten aber schnell, dass der Verkauf von Strom angesichts der wenigen in den nächsten Jahren zu erwartenden E-Autos keine ausreichende Geschäftsgrundlage für die hohen Investitionen bieten würde. Wenn aber die Einführung der Elektromobilität gleichsam zu einer nationalen Aufgabe erklärt würde, dann – so die Idee der Energieversorger –, müsse eben auch der Staat für die 80.000 geplanten öffentlichen Ladestationen zahlen, rund acht Milliarden Euro, wie einige Energieversorger schnell ausgerechnet hatten.

Ähnlich zügig unterwegs war die akademische Forschung. Ihre Interessenvertreter hatten die gleiche Idee: Wenn die Elektromobilität von einer solchen »nationalen« Bedeutung ist, dann müssen wieder Lehrstühle her und üppige Forschungsprogramme für die Batterien der Zukunft aufgelegt werden. Ein durchaus legitimer Reflex in einer zunehmend auf Akquise von Finanzmitteln angewiesenen öffentlichen Forschungslandschaft. Die Batterietechnik gehört ja schließlich zu den strategischen Kompetenzfeldern und muss – auch wenn man sich in Deutschland bereits vor Jahren aus der Forschung mit elektrochemischen Speichern verabschiedet hat – wieder breit verankert werden. Natürlich bezogen die Forscher diesen Standpunkt in dem Wissen, dass der Konzern Evonik die Batteriefertigung in Deutschland in großem Stil wieder starten will. Selbst die Erkenntnis, dass China, Japan und auch Südkorea hier über einen großen Wissensvorsprung verfügen, hält die ehemalige Ruhrkohle AG nicht von ihrem Vorhaben ab. Die Forscher sind überzeugt, diese Lücke ließe sich schnell schließen, wenn der Staat mit einem Milliardenprogramm aus öffentlichen Mitteln Unterstützung leiste.

Es gab bei dem Elektromobilgipfel im Mai 2010 noch weitere Branchen und Wissenschaftsvertreter, die alle ihre eigenen Vorstellungen und Ideen entwickelt hatten, wie man die Grundängste der Regierung wohl für sich nutzen könnte. Was aber fehlte, war eben eine Ordnung, ein Plan, alle diese Einzelinteressen zu einem Gesamtkunstwerk zusammenzufügen, um die Wettbewerbsfähigkeit der deutschen Volkswirtschaft auf den Zukunftsmärkten Energie und Mobilität dauerhaft abzusichern. Von »intelligenter Industriepolitik« war immer wieder die Rede. Dass diese Not tue, sollte der beliebte Hinweis auf China belegen. Denn dort hat die Elektromobilität höchste Priorität. Man möchte das Zeitalter des Verbrennungsmotors am liebsten überspringen und gleich in die elektrische Antriebstechnik einsteigen. Dass China es ernst meint und ordnungspolitisch entsprechend schnörkellos handelt, zeigt das Beispiel der Scooter, der in vielen Städten beliebten Motorroller. Diese sind seit einigen Jahren in vielen großen Städten Chinas nur noch erlaubt, wenn sie elektrisch betrieben werden. Das Verbot von Motorrollern mit knatterndem Zweitakter war auch, aber nicht nur umweltpolitisch motiviert. Es galt, einen neuen Markt zu kreieren. Und tatsächlich war innerhalb kürzester Zeit durch das Verbot von Verbrennungsmotoren ein Markt für E-Roller entstanden. Diesen heimischen Marktvorteil haben chinesische Rollerproduzenten konsequent genutzt, sie sind unangefochtene Marktführer. Die Drohkulisse ist seither am Horizont wirksam: Was tun, wenn China diese Kombination von massiver industriepolitischer Förderung der Elektromobilität und gleichzeitigen Restriktionen für den Verbrennungsantrieb beim Auto wiederholt?

Mehr als ein neuer Antrieb

Als die Kanzlerin ein Jahr nach dem Elektromobilgipfel zu einer Art Zwischenevaluation der Nationalen Plattform Elektromobilität einlud, lagen zwei Berichte und jede Menge neuer Erfahrungen vor. Die NPE galt als »soziales Experiment«, das aus mehr als 150 Experten bestand. Ein stabiler Diskursraum war entstanden, in dem die Teilnehmer unterschiedliche Interessen artikulieren und abgleichen konnten. Allerdings gelang dies natürlich nicht allen Gruppen und Branchen gleichermaßen gut und erfolgreich. Die Automobil- und Energiebranche war hervorragend in allen Arbeitsgruppen und formalen sowie informellen Entscheidungsgremien vertreten und konnte Heerscharen von Unterstützern mobilisieren. Andere wichtige Gruppen wie die Vertreter der öffentlichen Verkehrswirtschaft fehlten ganz, die Interessen der Zivilgesellschaft oder auch einfach die der Verbraucher blieben in diesem ersten Jahr nur randständig.

Doch immerhin hat der einjährige Diskurs dazu geführt, dass allen Beteiligten aus Politik, Wirtschaft und Wissenschaft allmählich klar wurde, dass es sich beim Elektrofahrzeug nicht nur um ein Auto mit einem anderen Antrieb handelt, sondern dass es um den Einstieg in eine neue Form von Mobilität geht. Mehr noch, es geht um den qualitativen Sprung vom Elektroauto zur Elektromobilität. Elektromobilität ist mehr als Autos mit elektrischem Antrieb, sie umfasst ebenso Elektrofahrräder, sogenannte Pedelecs, E-Roller, darüber hinaus neue, erst als Prototypen oder Designskizzen vorhandene elektrische Fahrzeuge und eben auch die klassischen Elektrofahrzeuge – Schnellzug, S- und U-Bahn, Tram und Oberleitungsbusse. Und es geht dabei auch um neue Nutzungskonzepte. Es ist keineswegs so, dass dieser Erkenntnisschritt allen Branchen leichtgefallen ist, und es ist auch nicht so, dass man sich bereits einig wäre, wie denn der deutsche Leitmarkt für Elektromobilität in diesem umfassenden Sinne aussehen könnte. Viele der Beteiligten haben immer noch Schwierigkeiten damit, Teile des alten Kerngeschäfts neu zu definieren und die bisherige Bündnis- und Kooperationsstrategie zu überdenken. Die Produktbilder, Markenidentitäten und vor allen Dingen auch die Machtverhältnisse sind noch unklar. So war es für die Automobilindustrie nur schwer verdaulich, als die Energiebranche die Idee ankündigte, zukünftig Stromverträge analog dem aus der Mobilfunkindustrie bekannten Modell mit Autoleasingangeboten zu koppeln: Der Kunde geht eine langfristige Bindung mit einem Energieversorger ein und bekommt als Belohnung dazu ein Elektroauto für einen geringen monatlichen Betrag. Die Frage, wer in diesem unübersichtlichen Geflecht der Wertschöpfungskette den

Hut auf hat, bleibt offen. Sie wird gerade erst gestellt. Dabei erlebt man Überraschungen. Als Volkswagen ausgewählten Kunden und Fuhrparks seinen neuen eGolf mit Stromvertragsoption, der Ladeeinheit Wallbox sowie iPhone mit Flatrate anbot, zeigten einige der Angesprochenen großes Interesse – aber vor allem am iPhone. Noch nicht wirklich repräsentativ, aber ein erstes Signal einer kommenden Veränderung in den Präferenzen.

Nach einem Jahr Positionsbestimmung ist man immer noch erst am Anfang. Die Signale widersprechen sich bisweilen. Zum einen gab die NPE im Bericht an die Bundesregierung das Doppelziel aus, Deutschland zum Leitmarkt und Leitanbieter für Elektromobilität zu machen. Zum anderen wurden auch immer wieder skeptische Stimmen laut. Die ewigen Feinde der Elektromobilität, die ihre prinzipiell ablehnende Position aus den 1980er- und 1990er-Jahren auch in die Jetztzeit herübergetragen haben, werden von den Medien gerne nach ihren Meinungen gefragt und erleben eine unerwartete Popularität. Auch ein Verdienst der NPE.

Die nächsten Jahre werden erst noch zeigen, ob die berühmte fachübergreifende, interdisziplinäre Form der Zusammenarbeit wirklich eine deutsche Tugend ist und ob Deutschland auch tatsächlich einen systemischen Ansatz entwickeln und dauerhaft stabilisieren kann. Die Berichte der NPE dokumentieren den Stand der Erkenntnisse hierzu nur schemenhaft. Entscheidend für die Bildung auch unerwarteter Allianzen der Willigen war die Suche nach gemeinsamen Wegen, die tatsächlich teilweise bereits zur Verständigung geführt hat. Bei der Neuaufteilung des Verkehrsmarktes von morgen entdeckten ausgerechnet die Automobilhersteller, dass mit dem Autobesitz in den wachsenden Ballungszentren der Welt alleine kein Staat mehr zu machen ist, und man sich hier auf Kooperationen mit dem öffentlichen Verkehr einlassen muss. In den Megacitys ist einfach nicht genügend Platz für das Privatauto für alle. Ebenso ist klar geworden, dass es bei der Elektromobilität von morgen eben nicht nur um ein Verkehrssystem geht, sondern ebenso um eine radikal geänderte Energieversorgung. Elektromobilität bedeutet auch: Verkehr und Smart Grid, das »intelligente Stromnetz«, wachsen zusammen.

Den Beteiligten der NPE dämmerte es am Ende des ersten Arbeitsjahres, dass es nicht einfach sein würde, schnell eine »Beutegemeinschaft« zu gründen und dann wieder getrennte Wege zu gehen. Um dauerhaft öffentliche Gelder und wirksame Unterstützung bei der Entwicklung der rechtlichen Rahmenbedingungen zu bekommen, braucht es wohl eine neue Form von Gemeinschaftsarbeit. Denn parallel zur Arbeit der NPE hat die Bundesregierung Versäumtes nachgeholt und ein »Regierungsprogramm Elektromobilität« erarbeitet. Und Freibriefe einzelner Branchen für Fördermittel sieht dieses jedenfalls nicht vor. Vielmehr soll die Verständigung auf Einzelinteressen übergreifende Ziele belohnt werden. Diese »konzertierte Aktion« kann nur unter Einschluss aller Beteiligten gelingen. Der Grad der zivilgesellschaftlichen Verfasstheit wird sich auch darin zeigen, ob dies in angemessener Weise gelingt. Das ist noch kein Plan, aber immerhin ein geordneter Anfang. Denn jetzt erst wird wirklich deutlich, dass die Energiewirtschaft und auch die Betriebe des öffentlichen Verkehrs im Rahmen der bundesrepublikanischen Grundordnung der Daseinsversorgung in ein rechts- und finanzierungstechnisches Korsett eingebunden sind. Immer noch erklären Energiewirtschaft und der öffentliche Verkehr die Versorgungssicherheit zum Heiligen Gral. Nur langsam kommen sie in die Lage, wettbewerbliche Elemente einzufügen. Obwohl sie die für den nachhaltigen Verkehr von morgen zentralen Branchen sind, fällt es ihnen schwer, unter den geltenden Bedingungen die nötigen Innovationen einzuführen. Das »Modell Deutschland«, das durch seinen Korporatismus, also das einvernehmliche Aushandeln von Entscheidungen der verschiedenen Interessengruppen, geprägt ist, bietet einerseits die Aussicht auf eine stabile Diskursgemeinschaft. Gleichzeitig hemmt es aber auch schon im Vorfeld durch Starrheit und Bewegungslosigkeit Innovationen. Der Übergang vom elektrischen Straßenfahrzeug zu einer Elektromobilität wird daher zu einem Lackmustest für die Stabilität und Wandlungsfähigkeit der deutschen Gesellschaft: Ein Aufbruch in eine neue Zeit?

Einblicke
in die neue Verkehrswelt

Der Verkehr funktioniert in Zukunft ganz einfach. Man tritt aus dem Haus und nimmt sich das gerade passende Verkehrsmittel. Kein langes Nachdenken, kein Ticketkauf, keine Orientierungsprobleme, keine Suche nach dem eigenen Auto. Mit dem erstbesten Rad an der Ecke fährt man zur nächsten S-Bahn-Station. Findet man auf Anhieb kein Rad oder ein anderes passendes Vehikel, nimmt man sein Smartphone zur Hand und sucht mit dem App das nächstgelegene verfügbare. Das Smartphone ist nicht nur das unersetzbare Informationsgerät, es ist zugleich das zentrale Zugangsmedium. Man hält es einfach an eine markierte Stelle des Fahrrads – den sogenannten Touchpoint – und mit einem Klick ist man eingeloggt, das Schloss springt auf und im Display des Mobilfunkgerätes erscheint ein Check-in-Zeichen mit einem entsprechenden Barcode. Nach dem Abstellen des Rades an der S-Bahn-Station setzt man sich einfach in die nächste Bahn und fährt bis zu seinem Zielort.

Will man das Verkehrssystem ganz verlassen oder zu Fuß weiter, dann nimmt man sein Mobilfunkgerät wieder zur Hand, hält es erneut an die überall im öffentlichen Raum markierten Touchpoints und checkt wieder aus. Mit einem hörbaren Pieps ist man draußen, das Check-in-Logo verschwindet vom Display, eine kurze Bestätigungsinfo zeigt an, dass es auch tatsächlich geklappt hat.

Mit diesem Check-in/Check-out kann man alle Verkehrsmittel in der Stadt nutzen, nicht nur Busse und Bahnen oder das Leihfahrrad. Das System kommt dem Bedürfnis nach individueller Mobilität entgegen. Zugänglichkeit und individuelle Fortbewegung sind Voraussetzungen für offene und demokratische Gesellschaften. Nicht alle Stadtbewohner oder Besucher wollen und können immer und überall Busse und Bahnen benutzen. Früher brauchte man für die Sicherung der eigenen Wahlfreiheit private Verkehrsmittel, in der Regel das eigene Auto. Aber in der neuen Verkehrswelt von morgen ist das private Automobil nicht mehr notwendig. Warum auch? Das neue Angebot des kombinierten Verkehrs ist so vielfältig, die Nutzung so einfach und bequem, dass der private Besitz eines Autos wie aus der Zeit gefallen wirkt. Es gibt sie natürlich noch weiterhin, die privaten Autos. Aber wer im eigenen Fahrzeug fahren will, muss viel Geld zahlen. Mehr als bislang schon. Das Parken auf öffentlichen Flächen ist generell kostenpflichtig. Das Abstellen ist im flächendeckend parkraumbewirtschafteten Straßenland sehr teuer und wenn das Auto mit fossilen Brennstoffen betrieben wird, kostet das zusätzlich.

Vielfältiger öffentlicher Verkehr

Die Alternative ist günstiger und bequemer: Neben Bussen, U-, S- und Straßenbahnen gehören auch elektrische Autos zur neuen öffentlichen Verkehrslandschaft. Diese kann man mit einem Smartphone-App genauso finden wie die Räder.

Hat man kein Smartphone oder will es nicht benutzen, geht man zu den im öffentlichen Raum gekennzeichneten Stationen, um sicher zu sein, dass tatsächlich ein verfügbares Fahrzeug vorhanden ist. Ein Auto zu mieten, funktioniert in gleicher Weise wie beim Fahrrad. Das Mobilfunkgerät wird an den markierten Touchpoint vorne an der Windschutzscheibe gehalten und schon öffnet sich die Zentralverriegelung. Der Zündschlüssel befindet sich in einem gesonderten Steckplatz im Handschuhfach. Checkt man wieder aus, muss der Schlüssel dorthin auch wieder zurückgesteckt werden, sonst tickt die Uhr weiter. Die Fahrzeuge sind in der Regel klein und kompakt. Man kann sie überall abstellen, wo gerade Platz ist, checkt einfach aus und wechselt aufs Rad oder zur Bahn. Ein dicker Ökobonus wird gutgeschrieben, wenn man die elektrischen Fahrzeuge an einem der öffentlichen Ladepunkte abstellt und gleich wieder ans Stromnetz anschließt. Denn die elektrisch betriebenen Fahrzeuge sind nicht nur Teil des öffentlichen Verkehrs, sie sind auch ein wichtiger Faktor im Stromnetzstabilisierungsprogramm. Sie dienen als zusätzliche Speicher und verhelfen so auch den erneuerbaren Energien zu einem stabilen Element der Energieversorgung.

Besonders wertvoll sind die E-Fahrzeuge, wenn hohe Produktionsspitzen bei Wind- und Sonnenenergie zu erwarten sind und die Fahrzeuge als zusätzliche Verbraucher beziehungsweise Stromabnehmer die Hertzfrequenz stabil halten. Voraussetzung ist aber, dass die Fahrzeuge tatsächlich am Stromnetz hängen. Private E-Fahrzeuge sind an den Ladepunkten daher nur selten zu finden, es sei denn die Eigentümer können dem lokalen Energieversorger garantieren, dass ihr E-Fahrzeug mindestens die Hälfte der gesamten theoretischen Nutzungszeit am Netz ist. Für private Kunden sind solche Verzichtsphasen in aller Regel zu lang, zumal sich der Netzbetreiber auch noch die Festlegung der genauen Zeitfenster vorbehält. Ohne einen Netzintegrationsbonus aber ist der Betrieb der Fahrzeuge weiterhin kostspielig. Denn schöne elektrische Autos sind viel teurer als klassische, mit fossilen Brennstoffen betriebene. Interessant sind E-Fahrzeuge daher in erster Linie für Flottenanbieter. Mit einem intelligenten Poolbuchungsprogramm kann der Flottenbetreiber eine 50-prozentige Verfügbarkeit zu jeder beliebigen Zeit garantieren, vorausgesetzt, die Fahrzeuge stehen auch an den entsprechenden Ladeplätzen. Der Betrieb öffentlicher Flotten ist daher mehrfach lukrativ: Die Netzbetreiber zahlen hohe Boni, die den Betrieb der Flotten für private wie auch für gewerbliche Kunden bezahlbar machen. Denn weder der Handwerksmeister noch der private Pflegedienst hat genügend Kapital, ein teures Elektrofahrzeug anzuschaffen, das selbst bei intensiver gewerblicher Nutzung mehr als die Hälfte der Zeit am Tag ungenutzt herumsteht.

Die Kosten für konventionell betriebene Fahrzeuge sind wiederum so hoch, dass selbst Gebrauchtwagen keine Alternative mehr darstellen, weil diese Fahrzeuge nicht mehr im öffentlichen Straßenland kostenlos abgestellt werden können.

Höhere Effizienz im städtischen Verkehr

Durch die hohe Verfügbarkeit der elektrischen Fahrzeugflotten lassen sich sogar gewerbliche Zwecke mit den öffentlichen Autos verfolgen. Hier liegen viele Erfahrungen aus dem konventionellen Flottenmanagement vor. Der Kniff: Klassische gewerbliche Fuhrparks werden zu virtuellen Flotten. Eine Behörde oder Firma bucht nur noch Nutzungszeiten und zahlt auch nur für diese Zeiten. Unternehmen, die nicht direkt an der öffentlichen Ladeinfrastruktur angeschlossen sind, widmen einfach Teile ihres bisher exklusiv genutzten Firmengeländes zu einer öffentlichen Stellfläche um und können dadurch jederzeit auf die Fahrzeuge zugreifen, die praktisch vor der Tür stehen. Hohe Fixkosten verwandeln sich in moderat variable Kosten, man zahlt nur für die Nutzung, nicht für das Herumstehen. Sicherlich ist dies anfänglich mit einer veränderten Nutzungsroutine verbunden. So benötigt man immer ein Smartphone, um einzusteigen und um zu klären, ob und wo genau gerade das passende Auto verfügbar ist. Wenn man ganz sichergehen will, gibt es natürlich auch die Möglichkeit der Vorbuchung. Gleichzeitig verändert sich damit auch die Autonutzung. Früher stellten die Fahrzeuge oft genug die Auslagerung der eigenen Wohnung dar. Werkzeuge, Sportgeräte oder auch ganz persönliche Dinge waren im eigenen Fahrzeug quasi fest installiert. In der Verkehrswelt von morgen ist dies völlig unvorstellbar. Man klebt das Bild seiner Kinder ja auch nicht an die Fenster der U-Bahn. Verkehrsmittel werden konsequent zu öffentlichen Räumen ausgedehnt, das Private zieht sich auf digitale Medien zurück.

Das private Auto wird zu einem Privileg. Die Städte sind ausschließlich bei kollektiven Nutzungen bereit, die Parkplatzkosten völlig zu erlassen, weil eine erheblich höhere Effizienz im Verkehrs- und Transportbereich erzielt werden kann als bei Privatfahrzeugen. Während früher die Straßenverkehrsordnung die private Inanspruchnahme öffentlicher Flächen sehr restriktiv behandelte – »Da könnte ja jeder kommen!« –, ist dies für kollektive Nutzungen jetzt kein Problem mehr. Denn den Unternehmen und Dienstleistern der öffentlichen Flotten fällt es leicht, den verlangten Nachweis der höheren Effizienz zu erbringen. Während das private Auto üblicherweise nur einem Menschen zur Verfügung steht und nur gelegentlich mehrere transportiert, können die kollektiven Flotten von vielen genutzt werden. Die Betreiber dieser Autos können problemlos nachweisen, dass ein kollektives Flottenauto rund 16 private Automobile ersetzen kann und damit viel Verkehrsfläche einspart.

Die Ladeinfrastruktur ist in aller Regel Eigentum der Kommunen und wird von privaten Serviceunternehmen bewirtschaftet. Für die Sicherung des Netzintegrationsbonus sowie auch zur Abrechnung des Stromverbrauchs haben sich alle Beteiligten auf einen simplen Abrechnungsmodus geeinigt. Die Stromzapfsäulen verfügen lediglich über soviel »Intelligenz«, dass sich die notwendigen Authentifizierungen bewerkstelligen lassen. Zumeist sind die Säulen integriert in weitere städtische Infrastrukturen wie Beleuchtung, Parkraumbewirtschaftung, Signalanlagen oder Werbe- und Informationstafeln.

Seitdem der gesamte klassische öffentliche Verkehr auf der Basis erneuerbarer Energien betrieben wird, kommen auch die E-Fahrzeuge mächtig ins Rollen. Durch den infolge des massiven Ausbaus der Wind- und Solarenergie hohen Stabilisierungsaufwand werden auch Fahrzeuge zur strategischen Komponente für die Energiesicherheit. Die Netzbetreiber haben einen massiven Bedarf an zusätzlichen Puffern und zahlen pro Fahrzeug und Kilowattstunde einen Netzintegrationsbonus, der je nach Batteriekapazität und Bereitschaftszeiten zwischen 200 und 500 Euro pro Jahr betragen kann. Dies unterstützt noch zusätzlich die Flottenbetreiber, weil diese Nutzungsform zweierlei garantiert: hohe Netzanschlussdichte und damit maximale Pufferkapazitäten ohne wesentliche Einschränkung bei der Verfügbarkeit eines Autos.

In der neuen Verkehrswelt bezahlen die Nutzer einmal im Monat. Die Ermittlung der Kosten erfolgt auf der Basis der Daten, die zwischen den Check-in- und Check-out-Vorgängen ermittelt wurden. Dank der verkehrsmittelbezogenen Kennung beim Einchecken sowie der hinterlegten Standardgeschwindigkeiten kann man genau Ort, Zeit und Geschwindigkeit sowie das tatsächlich genutzte Verkehrsmittel identifizieren. Auf Wunsch sind alle Fahrten einzeln ausgewiesen und mit den entsprechenden Einzelpreisen hinterlegt. Wie bei der Telefonrechnung werden auch hier die persönlichen Mobilitätsdaten nach einigen Monaten obligatorisch und nachweislich gelöscht. Klare Datenschutzregeln sind eine Voraussetzung für die breite Akzeptanz des Angebotes. Außerdem muss gewährleistet sein, dass keine gigantischen Mobilitätsdatenhalden heranwachsen. Der Gesamtpreis setzt sich aus der Zeit und dem ermittelten Energieverbrauch zusammen und gegenüber den Einzelpreisen kann es Mengenrabatt geben. Besonders günstig ist das Rad. Und natürlich U- oder Straßenbahnen, weil hier pro Personenkilometer der Wirkungsgrad viel höher ist als bei einem Automobil. Durch den gewährten Ökobonus beim Autofahren wird aber auch das elektrische Fahren im Automobil bezahlbar und durch das örtlich ungebundene freie Abstellen der Fahrzeuge natürlich auf seine Art attraktiv.

Mehr Qualitäten und höhere Preise

Dennoch muss man zugeben, dass die neue Verkehrswelt nicht nur vielfältiger und bunter, sondern auch teurer sein wird. Die Qualität der einzelnen Module, die Integration der IT-Dienste und vor allen Dingen die hohe Verfügbarkeit von zusätzlichen Autos und Rädern haben ihren Preis. Dafür, dass die Energiebasis zu 100 Prozent auf Erneuerbaren beruht, zahlen die Energieversorger den Verkehrsmittelbetreibern zwar einen ansehnlichen Ökobonus. Dieser wird aber über eine Umlage von den gesamten Stromkunden, also auch von denen der Verkehrsunternehmen, bezahlt. Grundlage ist hier das entsprechend geänderte Erneuerbare-Energien-Gesetz (EEG).

Um die Stadt von morgen dennoch offen und für jeden zugänglich zu erhalten, bleibt die Bezahlbarkeit ein hohes demokratisches Gut. Die EEG-Umlage senkt zwar die Kosten für die Nutzer der Elektromobilität, erhöht aber für alle die Stromrechnung. Um eine weitere Finanzierungsquelle zu erschließen, wird die intermodale Verkehrswelt von morgen zusätzlich durch eine Umlage finanziert, die sich aus einer drastisch erhöhten Parkraumgebühr für privat genutzte Fahrzeuge mit Verbrennungskraftmaschinen speist. Die flächendeckende Parkraumbewirtschaftung dient somit zur Gegenfinanzierung der öffentlichen Verkehrsangebote. Unter dem Strich ist es ein akzeptabler Deal, weil alle Seiten Nutzen daraus ziehen. Denn auch für diejenigen, die auf ihre fossilen Kraftstoff verbrennenden Fahrzeuge nicht verzichten wollen, bleiben damit Räume und Möglichkeiten offen. Nur kosten diese mehr. Zufahrtssperren außer den bekannten Lärmschutzzeiten für den Lieferverkehr gibt es in der neuen Verkehrswelt nicht. Der Anteil privater Automobile sinkt jedoch, je dichter das Angebot an Alternativen ist. Zweit- oder Drittwagen in einem Haushalt sind eine seltene Ausnahme. Autobedürfnisse können über das enge

Netz von verfügbaren Carsharing-Fahrzeugen einfach, zuverlässig und auch noch kostengünstiger befriedigt werden. Da greift im Übrigen die klassische Selbstverstärkung sozialer Praktiken: Ist eine kritische Angebotsschwelle beim Carsharing überschritten, wird es zunehmend attraktiver, auf das eigene Auto zu verzichten. Ist es die soziale Norm in der städtischen Autonutzung, wird umgekehrt das private Auto mehr und mehr erklärungs- und rechtfertigungsbedürftig.

Betrieben wird das hier skizzierte Verkehrssystem mit seinen Fahrrad- und Autoelementen je nach Stadt und Region von ganz unterschiedlichen Konsortien. Mal sind es die klassischen Unternehmen des öffentlichen Verkehrs, die sich – aufgrund von Öffnungsklauseln im Personenbeförderungsgesetz – zu modernen Dienstleistungsunternehmen gewandelt und nunmehr eine völlige Neuinterpretation des öffentlichen Verkehrs vorgenommen haben. Auch dass die Kommunen zur gleichen Zeit den Begriff der Daseinsvorsorge neu interpretieren, versetzt die Unternehmen des öffentlichen Verkehrs in die Lage, für neue Geschäfte eigene Einnahmen zu generieren und diese unabhängig von staatlichen Zuschüssen zu verwalten. Den Betrieb von Auto- und Fahrradbausteinen hat man teils selbst, teils aber durch Dritte organisiert. Strategisch wichtig bleibt der Kundenkontakt. Die Provider sind gegenüber dem Kunden zentrale Ansprech- und Abrechnungspartner. Es gibt aber auch Städte, in denen sich die Autobauer als Mobilitätsdienstleister anbieten und ihrerseits unter eigener Marke das gesamte öffentliche Verkehrsspektrum abdecken. Es ist zwar anfangs ungewöhnlich, wenn man unter einer Automarke auch Busse, Bahnen und Fahrräder nutzen und bezahlen kann, aber auch hier funktioniert das Produktversprechen aufgrund der Summe der Möglichkeiten unter einem Dach. Der Paketpreis ist günstiger als seine Einzelbestandteile, weil die Anbieter über hohe Einkaufsvolumina gute Rabatte aushandeln und größtenteils an die Kunden weitergeben. Auch die Energieversorgungsunternehmen sind in der neuen Wettbewerbslandschaft nicht untätig und entwickeln sich ebenfalls zu Full Service Providern weiter. Gerade viele Stadtwerke wuchern mit dem Pfund ihrer regionalen Verankerung und bieten zusätzlich zur Versorgung mit Strom und Wärme auch intermodale Verkehrsangebote auf Basis regenerativer Energien an.

Es gibt für diese intermodal verknüpften Angebote auch keine Monopolrechte mehr. Während es für den Schienen- und Busbetrieb zwar noch Konzessionen gibt, bleibt das gesamte Servicepaket, die Integration von Autos und Fahrrädern, offen für den Wettbewerb. Die Unternehmen konkurrieren hier über die unterschiedlichen Leistungstiefen, attraktive Tarifangebote und generell über den Service. Was die Kunden nicht sehen: Oft genug werden die notwendigen Abrechnungssysteme in Gemeinschaftsarbeit der konkurrierenden Unternehmen betrieben.

Immer mehr pragmatische Kunden

Und die Kunden dieser Dienstleistungen werden immer mehr. Am Anfang sind es die üblichen »Early Adopters«, auch »Metromobile« genannt – Menschen, die in der Großstadt wohnen, die in der Regel keine Kinder haben, zwischen 25 und 65 Jahre alt sind, die überdurchschnittlich gut verdienen und in der intermodalen Verkehrspraxis geübt sind. Für sie sind die Angebote wie geschaffen, weil sie immer schon öffentliche Verkehrsmittel mit Fahrrad und Auto kombiniert haben. Bereits seit Ende der 1990er-Jahre zeigt sich in allen europäischen Metropolen die Tendenz, dass immer mehr Menschen nicht mehr nur ein Hauptverkehrsmittel, sondern auf einem oder auch auf mehreren Wegen unterschiedliche Fahrzeuge nutzen. Vorangetrieben wird das Kombinieren durch eine zunehmend verbreitete pragmatische Haltung zum Verkehr. Einzelne Verkehrsmittel werden weniger wichtig. Man ist flexibel und honoriert den praktischen Nutzen unterschiedlicher Angebote. Autos sind nur noch eine Variante alltäglicher Mobilität, die weiterhin gern genutzt wird, die sich aber kaum noch für individuelle oder kollektive Inszenierungen eignet.

Nach und nach werden die Angebote auch für weitere Teile der Bevölkerung interessant. Nachdem die Metromobilen und die jungen Menschen hier die Vorreiter waren, sind es im nächsten Schritt vor allen Dingen die gewerblichen Flottenbetreiber, die in dieser Integration eine kostengünstige Versorgung mit Beweglichkeit für ihre Beschäftigten erkennen. Ob es Logistikunternehmen oder auch Servicedienstleistungen im Kranken- und Altenpflegebereich sind: Die Nutzung von elektrischen Fahrzeugflotten, die nur dann bezahlt werden müssen, wenn sie fahren, lassen neue Nutzergruppen entstehen. Parallel steigen immer mehr Wohnungsbaugesellschaften ein, um neben der Immobilienbewirtschaftung auch mobile Angebote in ein Gesamtpaket für ihre Mieter aufzunehmen. Oft werden die Möglichkeiten zum elektrischen Carsharing mit dem Einbau von Blockheizkraftwerken verbunden, um eine dezentrale Strom- und Wärmeversorgung zu ermöglichen. Erst allmählich rüsten dann auch die Taxibetriebe um, die aufgrund der höheren Anschaffungskosten den Betrieb mit Elektrodroschken eher scheuen. Doch auch diese Unternehmen profitieren von den Einnahmen der Parkraumbewirtschaftung für Verbrennungskraftmaschinen. Hier wirkt schließlich ein staatliches Förderprogramm: Die Beschaffung der ersten tausend Fahrzeuge wird bezuschusst, was einen wirtschaftlichen Betrieb schon nach kurzer Zeit erlaubt.

Es gibt aber auch in dieser neuen Verkehrswelt noch Menschen, die nicht auf ihr gewohntes Auto verzichten wollen – oder können. Sie werden selbst bei einem vorbildlichen, intermodalen Angebot mit ihren diesel- und ottomotorisch betriebenen Fahrzeugen in der Stadt umherfahren. Doch für diese Verbrennerfreunde wird es erheblich teurer. Sie sind gewissermaßen die Opfer früherer Mobilitätsverhältnisse. Sie sind gefangen in einer überkommenen Automobilabhängigkeit. Geringe oder gar keine Parkraumgebühren und günstige gebrauchte Fahrzeuge mit moderaten Spritpreisen haben einen autofixierten Lebensstil hervorgebracht, in dem nahezu alle Be- und Versorgungsfahrten, alle Wege zur Ausbildung und zum Arbeitsplatz mit dem Auto absolviert wurden. Doch die Zeiten ändern sich. Es wird eine Weile brauchen, bis auch diese Menschen die intermodale Verknüpfung der Verkehrsmittel für ihren Alltag entdecken und sie routinemäßig nutzen. Die drastisch gestiegenen Parkraumgebühren werden den Lernprozess sicherlich beschleunigen.

Nach der Rennreiselimousine

Neue Bewegung in den Städten

Dass Öl billig ist, war einmal. Selbst wenn es genügend einfach zu förderndes Öl gäbe, muss der Verkehr von der Verbrennung flüssiger Kohlenwasserstoffe wegkommen. Sein Anteil an der Klimagefährdung steigt. Die fossile Ära im Verkehr geht zu Ende. Damit schwindet die bisherige Energiebasis des Autos – mit gravierenden Folgen. Das Konzept des Universalautos kommt an seine Grenzen, das Leitbild der Rennreiselimousine verliert an Kraft. Noch gibt es allerdings kein überzeugendes Alternativleitbild für die Zeit nach der Rennreiselimousine. Noch sind alle Alternativvorstellungen bruchstückhaft und abstrakt. Begonnen hat eine Phase des Übergangs, in der es zunächst darum geht, Mobilität neu zu denken. Das ist die erste Konsequenz aus der (auto-)mobilen Revolution.

Die Selbstbeweglichkeit moderner Gesellschaften ist also in einem kritischen Zustand. Dafür gibt es viele Gründe, nicht nur das Megathema vom Ende des »billigen

Junge Deutsche verlieren das Interesse am eigenen Auto

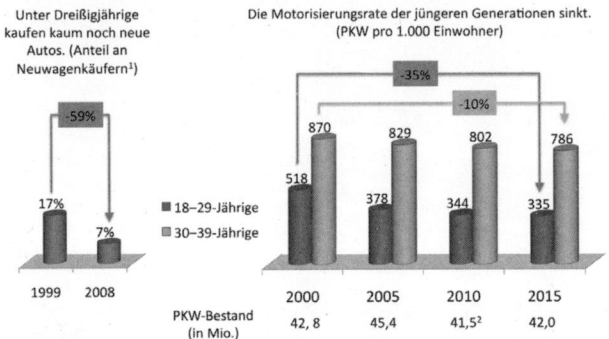

Abbildungen nach Tschischak 2010. Quellen: Shell Mobilitätsszenarien 2009, Statistisches Bundesamt, Kraftfahrt-Bundesamt (KBA)
[1] Anteil der 18- bis 29-Jährigen 1999 und 2008 bei 14%. [2] Ab 2008 Motorisierungsrate ohne vorübergehend stillgelegte Fahrzeuge

Abbildung 1: Sinkender Autobesitz bei Jüngeren

Grafik: Christian Maertins

Öls«, die Zwänge, die Folgen des Klimawandels einzudämmen, oder den begrenzten Platz in den großen Städten und in den sich weiter verdichtenden Agglomerationen. In den früh industrialisierten und seit Langem motorisierten westlichen Gesellschaften führt nicht zuletzt der demografische Wandel in den kommenden Jahrzehnten zu widersprüchlichen Effekten. Die Verkehrsleistung insgesamt wird in der alternden Gesellschaft weniger stark wachsen oder sogar zurückgehen, dies wird alle Verkehrsträger be-

Der Nachwuchs fährt häufiger öffentlichen Verkehr und seltener Auto

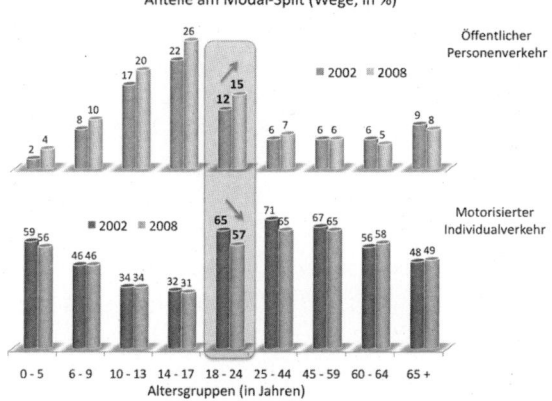

Abbildung 2: Generationeneffekt im Modal Shift –
Anteil der Verkehrsmittel am Gesamtverkehrsmarkt
Grafik: Christian Maertins

treffen. Aber auch qualitative Änderungen in der Verkehrsnachfrage sind zu erwarten. Der Bedarf an individueller Beweglichkeit wird bei den künftigen Alten gegenüber früheren Altengenerationen eher noch steigen. Das ist heute schon erkennbar, die älteren Verkehrsteilnehmer fahren weniger mit den Öffentlichen und mehr Auto.

Im Vergleich der einzelnen Altersgruppen zeigt sich ein Generationeneffekt wie in den Abbildungen 1 und 2 dargestellt.

In modernen Gesellschaften, die Individualisierung und Flexibilisierung eine so hohe Wertschätzung beimessen, ist klar: »Eigenzeiten« und »Eigenräume« bleiben bestimmende Kriterien bei der Verkehrsmittelwahl. Zugleich verändert sich die Bedeutung des Autos. Längst hat das Auto viel von seiner emotionalen Aufladung verloren. Das Modell des Universalfahrzeugs verliert an Attraktivität, das Dogma hoher Reichweiten steht genauso auf dem Prüfstand wie klassische Vertriebsformen. Der Kauf von Autos tritt ja bereits seit Längerem in den Hintergrund. Leasing ist bei den gewerblichen Nutzern seit vielen Jahren der beliebteste Weg, die Autonutzung zu finanzieren. Wo der Grad der Motorisierung schon lange hoch ist, ist das Auto zur Selbstverständlichkeit geworden. Sein Nimbus ist verblasst. Auch wenn es weiterhin populäre Autorennen, vielbesuchte Ausstellungen und eine verbreitete Auto(technik)begeisterung geben wird: Das Auto ist längst zu einem Gebrauchsgegenstand geworden, verfügbar, überall vorhanden, »einfach da« wie Strom, Wasser oder das Telefon. Wie beim Internet ist der Zugang entscheidend. Die Möglichkeit, auf Server zuzugreifen, wird nicht von Eigentumsfragen getrübt. »Access« hat der Ökonom Jeremy Rifkin als den Modus künftigen Konsums erkannt; das gilt mehr und mehr auch im Verkehr, zumal dann, wenn er mit anderen Infrastrukturnetzen zusammenwächst.

Die Kombination der Verkehrsmittel dominiert über das Eigentum

Das Auto hat als Statussymbol und als Instrument des demonstrativen Konsums ernst zu nehmende Konkurrenz erhalten. Mobiltelefone, Kleidung oder Computer eignen sich ebenso zur Demonstration sozialer Unterschiede. Vor allem für die Jüngeren ist das Auto zwar ein alltägliches Verkehrsmittel mit hoher Verfügbarkeit, jedoch weniger ein Status- und Prestigeobjekt als in den Vorgängergenerationen. Man kann eine Abkehr der Jüngeren vom Auto beobachten. Einige neuere Befunde zeigen das: So sinkt die Führerscheinquote in Deutschland erstmalig seit Jahrzehnten. Bei den unter 26-Jährigen fiel sie von 90,6 Prozent im Jahr 2000 auf 75,5 Prozent im Jahr 2008. Zugleich gehen junge Kunden der Autoindustrie verloren: 2009 waren laut der Statistik des Kraftfahrt-Bundesamtes nur noch sieben Prozent der Neuwagenkäufer unter 30 Jahre alt, im Jahre 1999 waren es noch sieben Prozent (siehe Abbildung 1, Seite 32) gewesen.

Doch geht es nicht nur um Besitz und Prestigewert. Auch in der tatsächlichen Verkehrsmittelnutzung hat das Auto Anteile eingebüßt. Schon seit vielen Jahren weisen Verkehrsforscher darauf hin, dass die Bedeutung des Autos, gemessen an der Zahl der Wege, deutlich zu relativieren ist. In Berlin beispielsweise haben sich im ersten Jahrzehnt des 21. Jahrhunderts die Anteile der verschiedenen Verkehrsträger gerade bei den Jüngeren signifikant verändert: Gemäß der repräsentativen Verkehrserhebung »Mobilität in

Deutschland« (MiD) für Berlin hat sich in der Altersgruppe der 18- bis 24-Jährigen der Radverkehrsanteil von sechs Prozent im Jahr 2002 auf zwölf Prozent im Jahr 2008 erhöht, auch der Fußverkehrsanteil stieg von 22 auf 26 Prozent und der Anteil des öffentlichen Verkehrs ebenfalls von 35 auf 42 Prozent, verloren hat hingegen der motorisierte Individualverkehr – sowohl bei der Anzahl der Fahrer als auch der Mitfahre r. Hier gab es in dem Untersuchungszeitraum einen drastischen Rückgang von 38 auf 21 Prozent (siehe Senatsverwaltung für Stadtentwicklung und Umweltschutz Berlin 2011: Seite 12).

Gewinner ist vielerorts das Fahrrad. So auch in Berlin. Die Zuzügler, besonders diejenigen, die im Laufe des Regierungsumzuges aus dem Raum Bonn-Köln gekommen sind, haben ihren Anteil an diesem erstaunlichen Modal Shift. Sie haben ihre Gewohnheiten, das Fahrrad oder die S-Bahn zu nehmen, aus dem beschaulichen Rheintal mit nach Berlin gebracht. Insofern ist Berlin ein besonderer Fall. Zugleich liegt die Stadt an der Spree mitten im Trend. Auch in anderen großen Städten steigen die Anteile des Fahrrads am Verkehrsmarkt. Selbst in Städten wie Paris, London oder Barcelona, in denen noch vor Jahren kaum jemand aufs Rad gestiegen wäre, ist ein regelrechter Fahrradboom ausgebrochen. Die weltweiten Erfolge von öffentlichen Fahrradverleihangeboten unterstreichen das: Mittlerweile ist das Fahrrad in den europäischen Metropolen zu einem etablierten Verkehrsmittel geworden, dessen Anteil an den täglichen Wegen im Schnitt und übers ganze

Jahr gerechnet bereits die Zehn-Prozentmarke überschritten hat. Der Fahrradanteil am Verkehrsaufkommen hat in erster Linie dort stark zugenommen, wo er bislang gering war. Außerdem wird das Fahrrad wesentlich häufiger als das Auto mit anderen Verkehrsmitteln kombiniert. Die zunehmende Nutzung des Fahrrads ist nur ein Beleg einer wachsenden inter- und multimodalen Verkehrspraxis. Der Anteil der Stadtbewohner, die ihre Verkehrsmittel kombinieren, steigt, während die Zahl derer, die nur ein Verkehrsmittel nutzen, abnimmt. In Berlin sind diese »intermodal Praktizierenden« mittlerweile sogar in der Mehrheit.

Berlin und andere große deutsche Städte sind keine Einzelfälle. In allen früh motorisierten Regionen der Welt gibt es diese Tendenzen. Der Prestigeverlust des Automobils, die Autoabstinenz der Jüngeren oder der (Wieder-)Aufstieg des Fahrrads sind Phänomene, die praktisch überall in Europa sowie in den verdichteten Städten Nordamerikas wie San Francisco, Portland, Boston oder New York zu beobachten sind. Auch in Japan schlägt der Verband der Autoproduzenten Alarm. Dort ist in der fast 20-jährigen wirtschaftlichen Stagnationsphase seit Anfang der 1990er-Jahre der heimische Autoabsatz um fast ein Fünftel gesunken und besonders stark war der Einbruch wiederum bei den Jüngeren. Allerdings bleiben diese Entwicklungen auf Ballungsräume begrenzt. In ländlichen Regionen dominiert im Alltagsbetrieb weiterhin die private Automobilnutzung. In Deutschland hat die größte empirische Untersuchung des Verkehrsverhaltens, die Studie »Mobilität in Deutschland«, in ländlichen Regionen im Jahre 2008 praktisch eine 100-prozentige Verfügbarkeit von Autos gemessen. Daran dürfte sich auch auf mittlere Sicht wenig ändern, denn zum einen muss man sich dort weder um Parkraum und Staus sorgen noch gibt es überhaupt Alternativen zum Auto. Und für die Jugendlichen auf dem Land gilt nach wie vor: Das eigene Auto ist und bleibt das individuelle Freiheitsversprechen.

Diese jüngeren Entwicklungen im Bewegungsverhalten der Stadtbewohner sind aber nicht nur für Verkehrsplaner und Verkehrswissenschaftler interessant. Das Kombinieren der unterschiedlichen Verkehrsmittel wird zu einer in öffentlichen Räumen sichtbaren sozialen Praxis. Damit erhalten Dienstleistungen, die sich diesem neu entstandenen Markt nähern, interessante Perspektiven. Die Erfahrungen aus der Vergangenheit zeigen, dass sich die Markterfolge aber auch nur dann einstellen, wenn die kombinierten Verkehrsangebote einfach, routinefähig und natürlich zuverlässig sind. Nur intuitiv nutzbare Mobilitätsdienstleistungen mit geringen Transaktionskosten entwickeln die notwendige Attraktivität, um als Alternative gegenüber dem privaten Auto eine Chance zu haben. Ein Nutzen ohne Nachdenken zu etablieren, ist dabei die zentrale Herausforderung.

Das Dogma der Reichweite verliert an Bedeutung

Der jahrzehntelange Erfolg wirkt nach. Die Pfadabhängigkeit in der Autoindustrie lässt sich so zwar erklären, bedrückend ist er gleichwohl. Nach wie vor ist die Illusion verbreitet, man könne den Verbrennungsmotor durch einen Elektroantrieb ersetzen und dann einfach weitermachen wie bisher. Lange Zeit argumentierten Autobauer und Fachjournalisten, dass eine Reichweite von 500 Kilometern und mehr für die Akzeptanz von Autos unerlässlich sei. Dieses Reichweitenargument hatte dogmengleich einen Vetostatus gegenüber allen Alternativen in der Antriebs- und Fahrzeugtechnik. Und dies obwohl in der Verkehrsforschung schon seit Jahrzehnten bekannt ist, dass im städtischen Verkehrsgeschehen eine hohe Nahraumorientierung vorherrscht. Betrachtet man nur die tatsächlichen Wege, käme man in der Alltagsnutzung mit 100 Kilometern Reichweite völlig aus. Verkehrserhebungen bestätigen immer wieder, dass 95 Prozent aller Wege im Automobil kürzer sind als 50 Kilometer. Sicherlich darf man nicht unterschätzen, dass bei der Nutzung der »Rennreiselimousine« die Option, längere Strecken zu fahren, und die Vorstellung, immer fast überall hin zu kommen, omnipräsent sind. Es bleibt eine attraktive Eigenschaft der konventionellen Fahrzeuge, dass ihre Besitzer wissen, sie könnten jederzeit auch lange Strecken fahren.

Aber was ist denn, wenn die Nutzer vorher bereits wissen, dass das gewählte Fahrzeug nur 100 Kilometer weit kommt? Dieses Experiment hat die Autoindustrie bislang nicht gewagt. Sicherlich wird man nicht unterstellen können, dass die Mehrzahl aller Autofahrer sofort die reduzierte Reichweite akzeptiert. Aber vor dem Hintergrund des erwähnten städtischen Verkehrsverhaltens lassen die bisherigen Befunde doch eine optimistische Neuinterpretation des alten Dogmas der Reichweite zu. Die bisherigen Ergebnisse sowohl von Befragungen potenzieller Nutzer als von Pilotnutzern stützen diese Annahmen. Nicht zuletzt belegen selbst Umfragen des ADAC und des Verbandes der Automobilindustrie diese Tendenz. Es gibt einen relevanten Anteil klassischer Automobilisten, die sich durchaus die Nutzung eines E-Fahrzeuges vorstellen können. Auch und gerade im Bewusstsein, mit ihm nicht alle Strecken absolvieren zu können. Mehr als 65 Prozent der Befragten gaben sogar an, die fehlenden Reichweiten durch Fahrten mit der Bahn ausgleichen zu wollen (ADAC 2010).

Ergebnisse aus ersten Pilotversuchen

Erste Erfahrungen aus verschiedenen Versuchen mit elektrischen Fahrzeugen belegen, dass die eingeschränkte Reichweite für die Pilotkunden von nachrangiger Bedeutung ist (z. B. Bühler et al. 2010). Diejenigen, die sich auf ein solches Fahrzeug einlassen, kommen mit der im Vergleich zum konventionellen Auto limitierten Reichweite gut zurecht. Mittlerweile zeichnet sich folgendes Muster ab:

Wer vom Abenteuer Elektrofahrzeug begeistert ist, also

nicht nur in Umfragen seine Sympathie bekundet, sondern tatsächlich die wenigen Chancen auf die Nutzung ergreift, nimmt auch Einschränkungen in Kauf. Noch ist diese Gruppe der Erstnutzer klar zu umreißen. Es sind fast überwiegend Männer mittleren Alters mit technischem Ausbildungshintergrund, die in einem Mehrpersonenhaushalt in städtischer Umgebung wohnen, überdurchschnittlich gebildet sind und auch überdurchschnittlich gut verdienen. Interessant ist an dieser Gruppe der Pilotnutzer, dass hier eine Zielgruppe angesprochen werden kann, die nicht zu den Stammkunden des öffentlichen Verkehrs gehört. Es gilt als bekannt, dass dieses durch das Automobil sozialisierte Klientel nur schwer den Weg in den öffentlichen Verkehr findet und nicht so ohne Weiteres in Busse und Bahnen steigt.

Die Tarifstrukturen und der »Systemzugang« sind für Unkundige überhaupt nur schwer zu verstehen. Hier helfen attraktive Schnupperangebote oder auch neue technische Zugänge wie das von der Deutschen Bahn AG entwickelte »Touch & Travel«. Diese als App für Smartphones verfügbare Anwendung erlaubt einen einfachen Check-in- und Check-out-Vorgang und lässt sich auf allen Fernverbindungen der Deutschen Bahn AG und in Berlin und Potsdam sogar auch in allen Nahverkehrsmitteln nutzen. Ein solches einfaches Angebot ist ideal für die vom Elektroauto angesprochenen »Wechselwilligen«. Ersten Umfragen zufolge verdoppelte die verstärkte Nutzung des E-Autos die Zahl der Fahrten im öffentlichen Verkehr. Doch solange elektrische Straßenfahrzeuge nicht als Standardangebot in die täglichen Routinen eingebunden werden können, bleiben die Ergebnisse fragil und in der Mengenwirkung nur in homöopathischen Dosen nachweisbar.

Nach den bisherigen Pilotprojekten zeichnet sich ab: Die Beschränkungen in der Reichweite von E-Autos sind für die meisten Beteiligten kein wirkliches Problem. Gleichzeitig zeigen sogar auto- und technikfixierte Männer Bereitschaft, auch den öffentlichen Verkehr zu nutzen und zum Beispiel längere Fahrten mit der Bahn zu absolvieren. Voraussetzung jedoch ist, dass der Umstieg in den öffentlichen Verkehr transparent und einfach möglich ist. Diese Ergebnisse sind keineswegs neu. Bereits aus früheren Versuchen mit E-Mobil-Testflotten wurden Erfahrungen gesammelt, die vor allem eines zeigen: Nutzer von Elektroautos stellen sich schnell auf die Leistungseinschränkungen der Fahrzeuge ein. Dahinter steht die empirische Erkenntnis aus vielen techniksoziologischen Studien, dass sich der Umgang mit neuen Techniken während des Gebrauchs ändert. Nicht die Erwartungen an eine Technik dominieren deren Nutzung, sondern vielmehr bestimmen deren faktische Möglichkeiten und Grenzen den Umgang mit der Technik. In Befragungen und mithilfe von teilnehmender Beobachtung ließ sich bei vielen Nutzern von Elektrofahrzeugen eine Lernkurve rekonstruieren, die zeigt: Sie haben sich auf die Beschränkungen des batteriebetriebenen Elektrofahrzeugs eingestellt und im Alltag lebbare und »passende« Nutzungsweisen ausgebildet. Dies war in der Vergangenheit meistens schwieriger, weil kaum öffentlich zugängliche Ladestationen vorhanden waren.

Die Dynamik im Verhältnis zum Elektroauto, das im Vergleich mit der Rennreiselimousine mit Verbrennungsmotor nur eingeschränkt nutzbar ist, lässt sich an seinem Bedeutungswechsel über die Zeit ablesen: Viele Fahrer eines Elektroautos haben dieses zunächst als Zweitwagen betrachtet. Im Laufe der fortdauernden Nutzung wurde es jedoch zum faktischen Erstwagen. Seine angenehmen Fahreigenschaften, die Vorteile der Geräuschlosigkeit, die wohlwollende Aufmerksamkeit der Umwelt – all das hat viele Elektroautonutzer dazu gebracht, es sukzessive häufiger zu fahren, das E-Mobil in Alltagsroutinen einzubauen und es damit zum Erstwagen zu machen (Knie et al. 1999).

Die Fahrzeuge der neuesten Generation unterstützen diesen positiven Fahreindruck noch nachdrücklich. Alle aktuellen Untersuchungen zeigen im Übrigen, dass die Nutzer fast durchweg angetan sind von den Fahreigenschaften. Die Pilotnutzer schätzen das leise, abgasfreie Fahren und sind von der vollen Kraftentfaltung des Elektroantriebs gleich beim Start schlichtweg begeistert. Sie berichten davon, dass die spezifischen Fahreigenschaften des E-Antriebs sie dazu gebracht haben, ihren Fahrstil zu verändern. Viele Befragte geben an, sich mit dem E-Auto »gleitend« im Strom des Verkehrs zu bewegen und das Fahrzeug vorausschauend zu steuern. Vom »Surfen« ist bisweilen die Rede oder vom »fließenden Fahrstil«. Auffällig ist außerdem, dass viele Pilotnutzer im Laufe der Nutzungszeit zunehmend Gefallen am

Rekuperieren, das heißt an der bewussten Rückführung von Bremsenergie, finden. Es entwickelt sich oft geradezu ein eigentümlicher Ehrgeiz, möglichst oft und lange Energie aus Bremsvorgängen in die Batterie zurückzuspeisen.

Allerdings werden die durchweg positiven Fahreindrücke häufig dadurch getrübt, dass die Fehleranfälligkeit der Fahrzeuge bisher und insbesondere in den Wintermonaten zu groß ist. Kritisch ist und bleibt auch die Preiswahrnehmung. Die bisherigen Angebote an Fahrzeugen waren in der Regel Forschungsprojekten zu verdanken, in denen diese zu Preisen vergleichbar mit konventionellen Fahrzeugen genutzt werden konnten. Obwohl die Fahrzeuge einen durchweg sehr positiven Eindruck hinterlassen haben, sind die Menschen dennoch nicht bereit, mehr für sie zu bezahlen als für gewöhnliche Automobile. Diese fehlende Zahlungsbereitschaft für die deutlich teureren E-Autos wird aber von den Probanden unter den gegebenen Bedingungen der bestehenden Funktionsräume getroffen. Diese sind ja prinzipiell änderbar. Fragt man nach anderen Vorteilen, die man diesen Autos einräumen sollte, dann steigt das Interesse wieder. Besonders hoch im Kurs steht in Ballungsräumen das privilegierte Parken. Dies wäre – so das einhellige Statement der Befragten, die regelmäßig elektrisch fahren – ein echter Nutzervorteil, der zur Popularisierung der Fahrzeuge beitragen könnte (InnoZ 2011).

Neue Verkehrsdienstleistungen

Das batteriebetriebene Autofahren wird auf absehbare Zeit mit einer – gegenüber dem bisherigen konventionellen Auto – geringeren Reichweite und mit längeren Ladezeiten verbunden sein. Eine bezahlbare »Superbatterie« mit einer dramatisch höheren Speicherdichte zu akzeptablen Kosten wird es nach Lage der Dinge in den kommenden zehn bis 20 Jahren nicht geben. Zwar kommen immer mal wieder verschiedene Sportwagen in Kleinserien wie das Tesla Model S oder der Audi e-tron auf den Markt. Eine elektrische Rennreiselimousine ist als erschwingliches Serienprodukt fürs Erste nicht verfügbar. Es führt also in eine Sackgasse, wenn man die Ansprüche an E-Mobile mit den konventionellen Vorstellungen vom klassischen Automobil überformt. Lässt man sich auf realistische Erwartungen der Vorzüge und der Einschränkungen von Elektroautos ein, erhält man eine vollkommen andere Perspektive:

Das Elektroauto wird zum integralen Element eines umfassenden öffentlichen Verkehrsangebotes. Damit wäre es nicht mehr das universell nutzbare Fahrzeug und gleichsam autistische Artefakt, das es über Jahrzehnte war, sondern Teil einer neuen Vernetzungsstruktur. Die Verknüpfung der verschiedenen Verkehrsträger mit ihren jeweiligen Stärken unter Einschluss des Elektroautos »verführt« seine Benutzer zu intermodalen Verkehrsdienstleistungen. Das Ergebnis wäre eine moderne Beweglichkeit, die das Bedürfnis nach individualisierter Mobilität mit einer hohen Effizienz und einer für künftige Generationen verträglichen Ressourcenverwendung verbindet.

Allerdings bedeutet das auch, dass das integrierte elektrische Automobil nicht mehr in Privatbesitz, sondern Teil von professionell gemanagten Flotten in öffentlicher Nutzung ist. Das Auto verändert seinen Charakter radikal. Eingeschränkte Reichweiten und lange Ladezeiten sind so gesehen keine Handicaps, sondern vielmehr eine Chance, denn sie zwingen zur Kombination mit anderen Verkehrsmitteln. Die bisherigen Pilotnutzer jedenfalls kommen gegenüber den konventionellen Autofahrern auf eine mehr als doppelt so hohe Fahrtenzahl in Bussen und Bahnen. Und dies ohne wahrgenommene Einschränkung. Einen rein privaten Markt für E-Fahrzeuge jedenfalls wird es in den kommenden Jahren nicht geben. Das Delta zwischen den Kosten eines Batteriefahrzeugs zu einem konventionellen Fahrzeug bleibt hoch. In der Regel dürfte der Anschaffungspreis eines E-Autos weiterhin mindestens doppelt so hoch sein wie der eines vergleichbaren konventionellen Autos. Die hohen Fixkosten schrecken selbst dann ab, wenn die variablen Kosten dank des höheren Wirkungsgrades und günstiger Stromtarife vergleichsweise attraktiv sind. Die Gruppe der Menschen, die ein solches Auto kaufen und privat nutzen, wird aller Voraussicht nach überschaubar bleiben.

E-Mobile im Flottenmanagement haben gegenüber Privatnutzungen dagegen handfeste Vorteile. Sie lassen sich organisiert und damit auch kontrolliert einsetzen. Sie erreichen eine höhere Fahrleistung als im privaten Gebrauch. Und vor allem lassen sie sich gezielt aufladen, nämlich dann, wenn der Strom am günstigsten ist, weil das Angebot die Nachfrage übersteigt. Mit bestehenden Konzepten für das Management von Fahrzeugflotten kann damit einerseits der Nutzwert der Flotte als Mobilitätsbaustein und zugleich als neue Option für die Stromnetzstabilität gesichert werden (siehe Exkurs I, Seite 48 ff.). Zugleich wird Intermodalität als Geschäftsmodell interessant und möglich. Das geteilte Auto hat als Elektroauto möglicherweise erstmals eine Chance, aus der Nische herauszukommen, in der es sich seit vielen Jahren bewegt. Soll dieses »intermodale E-Mobility-Angebot« nicht eine Vision bleiben, muss es allerdings günstige Bedingungen zu ihrer Realisierung geben. Vielversprechende Ansätze wie in Paris, in Amsterdam oder auch in einigen deutschen Pilotversuchen gibt es bereits. Wie hoch ihr Potenzial ist, hängt nicht zuletzt davon ab, wie professionell sie verfolgt werden.

Exkurs I:
Vehicle to Grid (V2G) – das intelligente Speichern

Elektrofahrzeuge haben einen weiteren Reiz: Sie sind als Speicher für überschüssigen regenerativen Strom einsetzbar und sie können kurzfristig und flexibel für eine bessere Balance des Stromnetzes sorgen. Gerade auf der Niederspannungsebene ist ein schneller Ausgleich möglich. Damit können sie eine Pufferfunktion im Stromnetz einnehmen, das bei einem steigenden Anteil regenerativ erzeugten Stroms auf zusätzliche Speicheroptionen dringend angewiesen ist. In einem zweiten Schritt folgt das Vehicle-to-Grid-Modell (V2G) mit bidirektionalem Laden, also der Stromfluss in die Batterie und aus ihr heraus. Dann könnten bestimmte Energiemengen in Zeiten von hoher Nachfrage wieder ins Netz zurückgespeist werden. Die technischen Voraussetzungen für das anspruchsvolle bidirektionale V2G werden allerdings in den nächsten Jahren kaum vorhanden sein. Aber bereits jetzt sind die Potenziale für die erste, technisch weniger voraussetzungsreiche »Überlauffunktion« enorm. Bisher sind die Berechnungen über die Speicherpotenziale noch sehr grob, doch die Größenordnung ist vielversprechend. Schon die für 2020 angepeilte Summe von einer Million Autos könnte eine erhebliche Speicherreserve für überschüssigen regenerativen Strom bilden und die Chancen erhöhen, durch gezieltes Laden die Regelenergie – also die Energiemenge, die verlässlich auch vorhanden ist – signifikant zu erhöhen.

Das E-Auto wird durch tarifliche Anreize zum Puffer in einem Netz, das mittel- und langfristig mit häufiger, aber unregelmäßig anfallendem überschüssigem Strom aus regenerativen Quellen umgehen muss. Es wird zunehmend wichtiger, diese Spitzen in der Produktion von regenerativen Energien aufnehmen zu können und damit die Volatilität des Netzes zu dämpfen. Aufgrund fehlender Speichermöglichkeiten wird der nach gesetzlichen Vorgaben vorrangig einzuspeisende Wind- und Solarstrom durch Abschaltung verschenkt oder sogar mit negativen Preisen bis zu 500 Euro je MWh belegt und dann ins Ausland verkauft. Netzfreundliche E-Fahrzeuge in genügender Zahl könnten dies verhindern.

Doch wie realistisch ist diese Idee der Netzstabilisation durch E-Fahrzeuge? Ein zeitversetztes Laden innerhalb einer definierten Periode dürfte kein Problem darstellen. Beispielsweise würde sich bereits ein interessanter Spielraum für den Stromeinspeiser ergeben, wenn bei einer Nachtladung lediglich vereinbart wird, dass morgens um 7 Uhr die Batterie des E-Autos vollständig geladen sein soll, das Fahrzeug aber bereits ab 21 Uhr an der Steckdose hängt. Innerhalb von zehn Stunden könnte das Energieversorgungsunternehmen dann gesteuert laden, wenn es zur Stabilisierung des Netzes andernorts nicht nachgefragten Strom loswerden möchte. Vattenfall hat das gesteuerte Laden im Rahmen des Berliner Mini-

E-Versuchs ausführlich getestet und sieht darin eine Chance, erhebliche Kosten einzusparen, die man ansonsten für die Anpassung der Leistungskapazitäten ausgeben müsste. Es bestehen jedoch erhebliche Zweifel, ob Privatnutzer über das Nachtladezeitfenster hinaus die Souveränität über ihr Fahrzeug abgeben, um die potenzielle Ladezeit zu verlängern und damit in den Genuss vergünstigter Stromtarife zu kommen. Ganz anders sieht es beim professionellen Flottenbetrieb aus: Sowohl das zeitlich versetzte Puffern als auch vor allem das in einigen Jahren mögliche bidirektionale V2G ist vor allem deshalb für Flotten eine realistische Perspektive, weil diese ein vorausschauendes Lastenmanagement wesentlich einfacher und verbindlicher gewährleisten als es die individuelle private Nutzung kann. Flottenmanager sind darin geschult, die verfügbaren Fahrzeuge optimal einzusetzen. Das geregelte Laden von E-Fahrzeugen ist für die Flottendisposition ein zusätzlicher Parameter in ihrem logistischen Kerngeschäft.

Nach Berechnungen von Siemens kann bereits eine Gesamtflotte von 400.000 Fahrzeugen mit einer Batterieleistung von je 20 kWh, die gleichzeitig am Netz hängen, eine Gesamtaufnahmekapazität von bis zu acht Gigawatt Peak zusätzlich verfügbar machen. Bei einer vorsichtigen Annahme, dass selbst im Durchschnitt rund die Hälfte der Flotte ohne Einschränkungen in der Verfügbarkeit genutzt werden kann, sind 800.000 Elektrofahrzeuge nötig, um das Ziel von 400.000 mit dem

Netz verbundenen Fahrzeugen zu jeder Zeit zu erreichen. In einer längeren Perspektive rechnet der Verband der Elektroingenieure (VDE) mit fünf Millionen E-Mobilen, die ein realistisches Aufnahmevolumen von 40 Gigawatt Peak gewährleisten könnten (VDE 2009). Die Berechnung geht von einem bereits höheren Anteil privater Elektrofahrzeuge aus, von denen eine im Gegensatz zu Flottenfahrzeugen geringere Kopplungszeit mit dem Netz angenommen wird.

Voraussetzungen für gesteuertes Laden im ersten Schritt und für bidirektionales Laden im zweiten Schritt sind differenzierte Tarife und Einspeisevergütungen für überschüssigen Strom aus erneuerbaren Quellen. Eine Anpassung beziehungsweise Erweiterung des Erneuerbare- Energien-Gesetzes (EEG) müsste die Speicherfunktion des E-Fahrzeuges definieren und eine verlässliche Vergütung für den zu leistenden »Netzintegrationsausgleich« vorsehen. Da ist noch Fantasie gefragt. Erste Vorschläge zur flexiblen Gestaltung eines Netzintegrationsausgleiches hat der Bundesverband Solare Mobilität (BSM) bereits vorgelegt. Generell fordert er, dass E-Mobile nicht nach den tatsächlich bewegten Energiemengen, sondern gemessen an der im Bedarfsfall verfügbaren Leistung (in kW), die das Stromnetz unterstützen kann, gefördert werden. Der BSM schlägt die Formel »Zeit, die das Fahrzeug mit dem Netz verbunden ist x Leistung, die zur Netzstützung verfügbar ist = Netzintegrationsbonus« vor. Bei einer Anrechnung von einem Cent je kW und

Stunde und einer Ladeleistung von drei kW ergibt bei einer zehnstündigen Netzverbindung eine Summe von 105 Euro pro Jahr. Auf zehn Jahre garantiert macht das eine Förderung von 1.050 Euro. Bei einer Leistung von elf kW sieht die Rechnung schon erheblich lukrativer aus: Zehn Stunden mal 365 Tage mal elf kW mal einen Cent/kWh ergeben circa 400 Euro, also knapp 5.000 Euro in zehn Jahren (BSM 2010). Während private Kunden hier bereits vor dem Problem stehen, diese Stunden auch wirklich verbindlich zur Verfügung zu stellen, können Flottenbetreiber diese Zeit in jedem Fall garantieren. Allemal bleibt es interessant, die sich entwickelnde soziale Dynamik zu beobachten. Kaufen sich Menschen Autos, um diese als Stromspeicher ans Netz zu hängen? Oder sind hier lukrative Zusatzeinnahmen für intelligente Poolbuchungen zu erwarten? Und bei der wachsenden strategischen Bedeutung der Speichertechnologien für die Energieversorgung sind auch höhere Vergütungen für Bereitstellungsoptionen denkbar. Was könnte daraus folgen, wenn statt einem Cent auch drei oder vier Cent pro kW/h an Bereitstellungsentgelten möglich werden? Die Vorstellung eines ähnlichen Booms wie bei den Photovoltaikanlagen ist dann nicht mehr so weit weg. Aber auch hier gilt: Man weiß nicht, ob und wie stark eine Vernetzungsdynamik einsetzt. Um überhaupt zusätzliche Optionen der Vernetzung von Verkehr und Stromnetzen zu erhalten, ist das vielfach beschworene, vernetzte Denken erforderlich.

Die Vergütungssätze sollten daher analog zum EEG in einem verbindlichen Rhythmus überprüft und angepasst werden. Es kann auch eine degressive Gestaltung der Vergütung festgelegt werden oder alternativ die Förderung zu einem bestimmten Datum auslaufen. Pioniere erhalten somit eine höhere Förderung als Käufer von günstigeren Massenprodukten. Sobald E-Mobile mit entsprechender Technik etabliert sind, kann die Förderung entfallen. Die Systemdienstleistungsfähigkeiten für die Fahrzeuge ließen sich dann über die in der Energiewirtschaft üblichen Marktmechanismen und Vergütungssysteme entgelten.

Ein anderes Denkmodell ist eine feste Einspeisevergütung für die Abnahme überschüssigen erneuerbaren Stroms nach einem gestaffelten EEG-Vergütungssatz. Hier ist ein Satz bis zu 25 Cent pro kWh im Fall negativer Börsenpreise denkbar. Der Preis entspricht zwar dem Vier- bis Fünffachen des heutigen durchschnittlichen Preises an der Strombörse und auch ungefähr dem Doppelten der Einspeisevergütung für Windenergie (Onshore). Allerdings liegt er noch unter dem garantierten Einspeisetarif für Solarstrom aus Photovoltaikanlagen. Der hier angenommene Tarif von 25 Cent je kWh setzt sich aus verschiedenen Bestandteilen zusammen. Zum zu erzielenden Preis an der Strombörse kommen anteilig die eingesparten Investitionen in andere Speicherkapazitäten, beispielsweise in Druckluft- und Pumpspeicher, hinzu. Hier geht man derzeit je nach Speicherdauer von Kosten von drei bis zehn Cent je kWh je zusätzlicher Speicherkapazität aus. Diese Nicht-Investments mit circa 15 Cent je Kilowattstunde zu veranschlagen, scheint nicht völlig abwegig zu sein. Wie auch immer eine sinnvolle Vergütung für die Netzintegration aussehen mag – es dürfte genügend Spielraum für verschiedene Geschäftsmodelle geben.

Die vielen V2G-Modelle stehen und fallen zum einen mit der technischen Fähigkeit der Speichereinheiten im Fahrzeug, präzise und zuverlässig speichern und rückspeisen zu können. In der Batterieforschung und in der weiteren Optimierung der Steuerungselektronik müsste diesem Ziel daher hohe Priorität eingeräumt werden. Hier scheinen die Forschungsperspektiven aber eindeutig in Richtung einer hohen Reichweite und einer starken Zyklenfestigkeit zu gehen, weil als Referenz das herkömmliche Automobil mit einem reichweitenstarken Verbrennungsmotor dient. Ob die Entwicklung der Ladesäulentechnologie oder die Einführung von teuren Gleichstromtankstellen – immer wieder wird versucht, das bekannte Auto zu kopieren.

Es kommt darauf an, die avisierten Forschungsvorhaben dafür zu nutzen, die verschiedenen Modelle zu testen, entsprechende Fantasie zuzulassen und auch die technischen Tests auf die verschiedenen Vernetzungsoptionen mit dem Stromnetz hin zu justieren. Diese Zielsetzung ist in den Forschungsprogrammen ausdrücklich zu verankern.

Nutzen, ohne zu besitzen

Mehr als zwei Jahrzehnte wird das kollektive Autoteilen nun schon als Geschäftsmodell praktiziert. Als Nachbarschaftshilfe und Forschungsprojekt entstanden, hat es mittlerweile die Kinderkrankheiten überwunden. Carsharing ist zu einem kommerziell erfolgreichen Ultra-Kurzzeitvermietgeschäft geworden, das längst die Welt der Stadtteilgruppen und normativ motivierten, organisierten Autoteiler verlassen hat. Die Deutsche Bahn betreibt bereits seit 2001 mit DB Carsharing – seit Sommer 2011 unter dem eigenen Markennamen »Flinkster – Mein Carsharing« – ein bundesweites Angebot. Gemeinsam mit Partnern bietet die Bahn für den Alltagsverkehr, aber auch für den Haus-zu-Haus-Verkehr insbesondere für ihre Kunden spezielle Konditionen an. Mittlerweile ist das Angebot in allen großen Städten verfügbar. Die von der Deutschen Bahn gemeinsam mit Kooperationspartnern betriebene Systemwelt nutzen mittlerweile mehr als 120.000 Menschen und sie umfasst mehr als 4.500 Fahrzeuge in Deutschland, den Niederlanden und der Schweiz (siehe auch Exkurs II, Seite 68 ff.). Die Carsharing-Organisationen der »ersten Generation«, zu der Cambio, Stadtmobil, teilAuto oder book-n-drive gehören, sind zu etablierten Unternehmen geworden, die mehrere tausend Fahrzeuge verwalten. Die Autovermietfirmen Sixt, Avis und Hertz haben reagiert und ebenso ein Carsharing-Geschäftsfeld unter eigenen Markennamen etabliert. Seit 2008 hat auch die Daimler AG das Carsharing entdeckt und betreibt in Ulm seither den viel beachteten Versuch Car2go mit konventionellen Smarts. Teils an festen Stationen, teils frei im Stadtgebiet abgestellt können die Autos spontan genutzt oder per Internet und Telefon auch kurzfristig gebucht werden. Wie lange die Autos mindestens ausgeliehen werden müssen, ist nicht festgelegt, lediglich eine Höchstvermietdauer von 48 Stunden ist einzuhalten. Erstmalig gibt es damit bei der Kurzzeitvermietung die Möglichkeit des Open Access, des Open End und (noch eingeschränkt) der One-Way-Fähigkeit. Genau darin besteht der Vorzug des Car2go-Modells gegenüber dem klassischen Carsharing, bei dem der Ausleihende immer noch ziemlich viel nachdenken und planen muss, wo er das Auto abholen muss, wann die beabsichtigte Fahrt voraussichtlich endet und wie er vom Abgabeort wieder wegkommt.

Die große Resonanz von Car2go hat selbst seine Promotoren bei Daimler überrascht. Nach einer Anlaufphase von sechs Monaten mit 50 Smarts, in der allein Firmenangehörige von dem Angebot Gebrauch machen konnten, stockte Car2go im April 2009 die Flotte kräftig auf und öffnete das Kurzzeitmietmodell für alle Ulmer Führerscheinbesitzer. Schon ein Jahr später waren 20.000 Ulmer für den Dienst registriert. Was den Konzern verblüfft und zugleich gefreut hat, war, dass die Hälfte der Eingeschriebenen unter 30 Jahre alt war. Diese Altersgruppe schien für Daimler schon fast verloren, zumindest als Käufer gediegener Mercedes-Autos tauchen sie höchst selten in den Showrooms auf. Das Durchschnittsalter des privaten Mercedes-Kunden liegt deutlich über 50.

Wie der Name schon sagt, ist Car2go wirklich mit einer spontanen Nutzung verbunden. Während im klassischen Carsharing die Vermietdauer im Schnitt mehrere Stunden umfasst, werden die Fahrzeuge bei Car2go analog zum Fahrradangebot »Call a Bike« öfter, aber auch deutlich kürzer genutzt. Befragungen zeigen, dass die Kunden insbesondere die im Vergleich zum normalen Carsharing bequeme Nutzung sehr schätzen. Der nach Ulm zweite Praxistest in Austin/Texas hat gezeigt: Das Car2go-Prinzip funktioniert auch in den USA. Ab dem Frühjahr 2011 läuft nun das sogenannte »Roll Out« für Car2go in Deutschland und Europa. In Kooperation mit dem Vermieter Europcar werden 300 Smarts in Hamburg angeboten, für 29 Cent pro Minute kann jeder registrierte Kunde im inneren Stadtgebiet einen der konventionell angetriebenen Smarts nutzen (siehe www.car2go-hamburg.de). Ambitionierter noch ist das, was Car2go ab 2012 in Amsterdam vorhat. Dort sollen 300 Smart ED, also Elektrosmarts, für eine spontane Kurzzeitvermietung zur Verfügung stehen. Die Stadt Amsterdam stellt die Infrastruktur von zunächst 300 Ladestationen, die sukzessive bis Ende 2012 auf über Tausend ausgebaut werden sollen, und sie gewährleistet die Versorgung mit grünem Strom. Die Ausdehnung auf weitere Städte wie beispielsweise Vancouver und San Diego ist geplant.

Automobilhersteller im Wandel

Die anderen deutschen Autohersteller sind ebenfalls aktiv geworden. BMW, wo man sich vor fünf Jahren noch vehement gegen die Einführung solcher Dienste ausgesprochen hatte, startete im Sommer 2011 ein eigenes Kurzzeitvermietgeschäft. Aber auch hier geht der erste Schritt offenkundig nicht ohne Partner. Zusammen mit dem Vermieter Sixt bietet BMW zunächst in München, später auch in Berlin unter dem Markennamen Drive-Now Mini und BMW 1er ähnlich wie beim Car2go-Angebot zu einem Minutenpreis von 29 Cent an. Losgegangen ist es mit 300 Autos aus der BMW-Welt in München, in Berlin sind 500 Fahrzeuge vorgesehen. Noch handelt es sich um konventionelle Kleinwagen mit Verbrennungsmotor, spätestens 2013 will BMW jedoch den in der Entwicklung befindlichen BMW i 3 anbieten (siehe www.drive-now.com).

Der deutsche Marktführer und zweitgrößte Autobauer der Welt, die Volkswagen AG, zieht ebenfalls nach und hat seine Tochter VW Financial Services beauftragt, unter dem Markennahmen »Quicar« ein Carsharing-Angebot zu starten. Die erste Teststadt ist Hannover, das Angebot selbst ist eher mit dem konventionellen Carsharing vergleichbar und setzt auf feste Stationen und Rückkehrpflicht. An zunächst 50 innerstädtischen Stationen werden 200 Golf mit sparsamer Bluemotion-Technik bereitstehen, später sollen mehr Stationen und weitere Fahrzeugmodelle folgen.

Ehrgeizig sind auch die Pläne der französischen PSA-Gruppe: Unter dem Produktnamen »Mu by Peugeot« bieten Autohäuser des Konzerns in Berlin, Hamburg, München und Saarbrücken nicht nur verschiedene Automodelle, sondern auch Elektrofahrräder und -Roller nach einem Punkteguthabenprinzip zur Vermietung an. Wie bei der Mobiltelefonie sehr verbreitet, erwirbt der registrierte Kunde ein Punkteguthaben, das er für unterschiedlich »werthaltige« Verkehrsmittel nach Bedarf einsetzen kann (siehe www.mu.peugeot.de/entdecken-sie-mu-by-peugeot). Die Marke Citroen wird ebenfalls mit einem eigenen Angebot folgen und startet zunächst unter dem Produktnamen »Multi-city« einen intermodalen Routenplaner. Gedanklich bewegen sich die Chefstrategen des Pariser Autokonzerns bereits in der kombinierten Verkehrswelt und versuchen, insbesondere ihre neuen elektrischen Kleinwagen i-On (Peugeot) und C-Zero (Citroen) im Rahmen von intermodalen Dienstleistungen zu vermarkten.

Das Carsharing ist also in der Autoindustrie angekommen. Motive für den Einstieg ins Kurzzeitvermietgeschäft sind zum einen die Einbrüche der Verkäufe bei den jungen Städtern, denen man mit einem neuen »frischen Angebot« begegnen will. Zum anderen möchte man bei einem insgesamt gesättigten Verkaufsmarkt in Europa von dem wachsenden Segment der Kurzzeitvermietung einen Anteil abhaben. Von der Öffentlichkeit wenig beachtet haben sich mittlerweile solche Angebote auch in der gewerblichen Welt etabliert. Die Fuhrparktochter der Deutschen Bahn AG, die nicht nur Flinkster und Call a Bike anbietet, ist auch erfolgreich bei der Entwicklung und dem Vertrieb »virtueller

Fuhrparks«. Damit ist die Verwandlung eines physischen Autoparks in Nutzungszeiträume gemeint. Firmen vereinbaren eine Mindestmenge an Fahrzeugen, zahlen aber nur für die tatsächlich genutzte Zeit. Die verbleibende Zeit können die Fahrzeuge im klassischen Carsharing eingesetzt werden. Damit lassen sich nicht nur Kosten für den Fuhrparkbetrieb einsparen – die Zahl der Fahrzeuge verringert sich bei gleicher Verfügbarkeit um ein Drittel. Lufthansa, EADS/Airbus, Valeo, die Deutsche Kreditbank, Bayer oder die Deutsche Bahn Netz erproben diese gewerbliche Form des Carsharings bereits seit Jahren intensiv.

Das Carsharing hat in den letzten Jahren generell sowohl in Deutschland – und vor allem im »Mutterland des Carsharings«, in der Schweiz – als auch in den USA deutlich zugenommen. In den USA hat kaum jemand den Boom erwartet. Dort verzeichnen mittlerweile 26 Organisationen mehr als 516.000 Mitglieder (vgl. www.carsharing.net), die größte davon, zipcar, allein über 450.000. Zipcar gewann im Jahr 2010 nicht zuletzt durch die Expansion nach London mehr als 100.000 neue Kunden und konnte sich im Frühjahr 2011 erfolgreich an der Börse platzieren und dabei 174 Millionen Dollar einnehmen. Zum Vergleich: In Deutschland sind knapp 200.000 private Kunden für das Carsharing registriert. Das ist im Verhältnis zum Gesamtmarkt des privaten motorisierten Individualverkehrs nach wie vor eine verschwindend geringe Anzahl, doch liegen die Wachstumsraten in den letzten Jahren beständig zwischen zehn und 20 Prozent. Diese Zuwachsraten kennt das Carsharing in der Schweiz schon länger. Bei Mobility in der Schweiz sind fast 100.000 Kunden eingeschrieben. Sie können auf rund 1.300 Autos zugreifen. Neben verteilten Standorten in den größeren Städten der Schweiz sind ebenfalls Fahrzeuge an allen Schweizer Bahnhöfen erhältlich (vgl. www.mobility.ch/de/pub/index.cfm).

Neue Aktivitäten der Städte

Es sind nicht nur die Stickoxyd- und Feinstaubbelastungen, die die Städte dazu bringen, restriktiver gegenüber dem Verbrennungsmotor vorzugehen. Auch der Lärm, den Fahrzeuge mit Otto- oder Dieselmotor machen, beeinträchtigt die städtische Lebensqualität. Dazu kommen die Platznöte. In vielen Metropolen ist Parkraum knapp und teuer, die Durchschnittsgeschwindigkeit auf den Straßen zu Spitzenzeiten geringer als beim Zufußgehen. Auf der anderen Seite treiben die Erfolge von öffentlichen Fahrradverleihangeboten, die in den letzten Jahren vielerorts eingeführt worden sind, die Städte dazu an, diese Angebote auszuweiten. Nicht nur das: Sie dehnen das Modell des öffentlichen Verleihens teilweise auch auf das Auto aus. Am weitesten ist derzeit Paris, wo das velib-Angebot mit mehr als 20.000 Fahrrädern an 1.500 innerstädtischen Stationen zu einer spürbaren Verschiebung des Modal Split zugunsten des Fahrrads geführt hat. Um eine weitere Entlastung der Pariser Innenstadt vom schwerfälligen privaten Autoverkehr zu erreichen, hat die Stadtverwaltung das velib-System um ein Kurzzeit-Autovermietangebot erweitert. Analog heißt das neue Angebot autolib (vgl. www.autolib-paris.fr). Parkplätze in der Innenstadt werden für autolib reserviert und Nahverkehrskunden können zusätzlich zum Fahrrad auch noch kurzfristig ein Auto nutzen. 2.000 kleine stadtverträgliche Elektroautos in der Innenstadt und zusätzlich noch einmal 2.000 an Stadtbahnstationen außerhalb der Innenstadt sollen ab 2012 zur Verfügung stehen. In Paris wird dann zum ersten Mal sichtbar und erlebbar, was ein öffentliches Auto sein könnte. Auf das erfolgreiche velib-Fahrradverleihsystem folgt eine wirkliche Neuerung: An 700 Ladestationen in der französischen Hauptstadt sollen die Autos verteilt sein. Das dürfte eine Stationsdichte bringen, die eine hohe Sichtbarkeit garantiert und andererseits auch Parkflächen für private Autos spürbar zurückdrängt. Profitieren werden die Inhaber von Zeitkarten des öffentlichen Verkehrs, für zwölf Euro monatlich und fünf Euro je halbe Stunde werden die E-Autos für jeden registrierten Jahreskarteninhaber verfügbar sein und damit einen weiteren Baustein eines öffentlichen Individualverkehrs bilden.

Das ist eine Sensation nicht nur für den öffentlichen Nahverkehr. Damit realisiert erstmals eine Stadt auch eine umfassende Verknüpfung von Carsharing und E-Mobility. Paris ist ein Pionier in der Einführung von integrierten Sharing-Angeboten. Bei den Elektroautos kommt der Stadtverwaltung zugute, dass Elektromobilität in Frankreich ein nationales industriepolitisches Projekt mit hoher Priorität ist. So können nationale Fördermittel die französischen Autohersteller zu verstärkten Anstrengungen für eine Serienfertigung von Elektroautos veranlassen, weil eine kalkulierbare Abnahme von Fahrzeugen garantiert ist. Doch dürfte die französische Hauptstadt nicht lange alleiniger Vorreiter bleiben. Schon beim Fahrradvermietsystem velib gab es schnell Nachahmer. London beispielsweise hat ebenfalls ein öffentliches Fahrradsystem erfolgreich eingeführt. Mittlerweile gibt es auch mehrere tausend Räder in der britischen Hauptstadt, über 800 Stationen und mit der Barclays Bank einen Sponsor, dem die Namensrechte für fünf Jahre immerhin 25 Millionen Pfund wert sind. Das stadteigene Regieunternehmen »Transport for London« entwickelt unter dem konservativen Bürgermeister Boris Johnson überhaupt sehr ehrgeizige Ziele zur Erhöhung des Fahrradanteils und plant weiter, 140 Millionen Pfund für die Planung und den Bau neuer Fahrradwege auszugeben.

So wie viele Städte velib als Anlass und Vorbild für ein eigenes Fahrradverleihangebot genommen haben, so könnte auch autolib schnell in anderen Metropolen Verbreitung finden. Insbesondere auch deshalb, weil sich auf diese Weise eine Verbotspolitik vermeiden oder zumindest ergänzen lässt. Denn es ist nur ein kleiner Schritt, eine verschärfte Parkraumbewirtschaftung oder gar eine City-Maut mit der Einführung von elektrisch betriebenen Sharing-Angeboten zu verknüpfen. Das hieße: Das Parken oder Hineinfahren in die Innenstadt ist für Fahrzeuge mit Verbrennungsantrieb schmerzhaft teuer und gleichzeitig sind elektrisch betriebene

Carsharing-Fahrzeuge im doppelten Vorteil. Sie sind von der Maut befreit und können außerdem auf reservierten Flächen parken oder generell überall abgestellt werden. Eine solche Kombination von »Zuckerbrot und Peitsche« könnte besonders für schnell wachsende asiatische Städte attraktiv sein. Sie ist pragmatisch umsetzbar und mit bereits eingeschlagenen Strategien vereinbar, die den ineffizienten privaten Autoverkehr einzudämmen versuchen.

Aber auch in anderen asiatischen Ländern und Metropolen wird an Verkehrskonzepten gearbeitet, die auf eine Integration verschiedener Verkehrsmittel setzen und den privaten Autoverkehr zum Teil drastisch einschränken. So hat im Jahr 2010 Singapur eine weltweite Ausschreibung für ein eMobility-Verkehrskonzept lanciert, die das Unternehmen Bosch gewonnen hat. Bosch hat ambitionierte Vorgaben einschließlich öffentlicher Fahrrad- und Autobausteine umgesetzt und wirbt mit der Offenheit der Datenplattform für zusätzliche neue Dienste (siehe www.bosch-si.de/presse-2010-10-zuschlag-emobility-pilotprojekt-singapur.html).

Elemente einer modernen Daseinsvorsorge

Leicht kann man sich abgewandelte und weiterentwickelte Konzepte vorstellen. Die Städte können je nach Problemdruck und gemäß eigener Prioritäten verschiedene Varianten realisieren. Das Einstiegsmodul ist meistens das Fahrrad. Auch beim Fahrrad kommt die Elektrifizierung ins Spiel. In Deutschland sind im Jahr 2010 erstmals mehr als

200.000 elektrisch unterstützte Fahrräder verkauft worden, sogenannte Pedelecs. Diese Fahrzeuggattung steht zurzeit bei kommunalen Verkehrsplanern hoch im Kurs. Nicht nur zu unrecht wie es scheint, stellen die elektrischen Hilfsmittel, deren Unterstützungskraft bis 25 km/h reicht, eine Art von »Range Extender« dar und sie erschließen auf diese Weise neue Kundengruppen. Nach Erfahrungen in den Niederlanden, wo die Pedelecs eine besonders große Verbreitung finden, beträgt eine Fahrt mit dem Pedelec durchschnittlich knapp zehn Kilometer, das sind drei Kilometer mehr als bei Fahrradfahrten ohne elektrische Unterstützung. Sie machen das Radfahren in gebirgigen (Stadt-)Regionen einfacher und vergrößern damit den Nachfragemarkt. Mittlerweile werden analog zumCall-a-Bike-Angebot der Deutschen Bahn auch entsprechende »eCall-a-Bike-Projekte« betrieben. In Frankfurt, Berlin und Stuttgart entstehen verleihfähige Pedelecsysteme, die die bisherigen öffentlichen Fahrradverleihangebote ergänzen.

Es tut sich also was bei den städtischen Verkehrskonzepten. Offensichtlich ist, dass die Kommunen selber (wieder) wichtigere Akteure werden. Sie können über Verbote und Zugangsbeschränkungen einerseits und über die Umwidmung öffentlicher Verkehrsflächen sowie über Ausschreibungen für intermodale Verkehrsdienstleistungen andererseits Märkte kreieren. Sie können die Attraktivität des öffentlichen Raumes erhöhen. Dies ist im Übrigen auch eine indirekte Folge der E-Mobility-Welle. Denn Elektromobilität braucht sowohl in der Form von Sharingangeboten als

auch für private E-Mobile eine öffentlich zugängliche Ladeinfrastruktur. Hausanschlüsse und Ladevorrichtungen am
Arbeitsplatz sind zwar die hauptsächlichen Orte des Ladens.
Sie genügen jedoch nicht, um die psychologisch so wichtige
Ladung außer der Reihe im Bedarfsfall zu ermöglichen.
Faktisch wird selten an öffentlichen Stationen geladen, aber
als Sicherheitsnetz haben öffentliche Lademöglichkeiten einen hohen Wert. Ladestationen im öffentlichen Raum, besonders an Verkehrsknoten, auf Parkflächen und überhaupt
an zentralen Plätzen bedürfen der Zustimmung der Kom-
mune. Damit erhalten Städte und Gemeinden einen wirk-
samen Hebel, um Bedingungen an die Gestaltung der Ladestationen und nicht zuletzt auch an die Verknüpfung mit
dem öffentlichen Verkehr stellen zu können. Sie müssen es
jedoch auch wollen, ansonsten drohen sie zum bürokrati-
schen Bremser zu werden.

Die Idee, dass die großen Stromkonzerne mal schnell
teure öffentliche Ladestationen errichten, wo gerade
Platz ist, und diese dann durch Stromverträge in einer
verpflichtenden Kopplung mit E-Autos refinanzieren –
diese Geschäftsaussichten haben keine Chance auf Realisierung. Eine Säule mit zwei Ladepunkten kostet rund
8.000 Euro. Kommen noch die Erschließungskosten hinzu, ist man schnell bei über 15.000 Euro. Damit stehen
teure Gerätschaften im öffentlichen Raum, ohne dass
überhaupt eine nennenswerte Anzahl privater E-Fahrzeuge diese nutzen könnten. Refinanzierbar wäre dieses
Modell nur bei Preisen von mehr als 50 Cent je Kilo-

wattstunde. Die zahlt wohl kaum jemand, der zuhause für weniger als die Hälfte des Preises laden kann.

Anders stellen sich die Dinge dar, wenn man aber die Ladeinfrastruktur als Teil einer modernen Daseinsvorsorge begreift, die für das Sharing strategische Bedeutung hat. Dann ergeben sich ganz andere Möglichkeiten. Private Bewirtschafter können beispielsweise Flottenbetreibern die Nutzung der Infrastruktur in Rechnung stellen. Der Stromverkauf spielt dabei überhaupt keine Rolle mehr. Im Mittelpunkt steht die Vermietung von Infrastruktur, die natürlich auch als Stromtankstelle funktioniert, aber vor allen Dingen die Netzstabilität unterstützt. Bei der hohen Bedeutung, die jede Form von »Stromüberlaufstellen« in der sich beschleunigenden Transformation des Energiesystems zu dezentralen regenerativen Strukturen erhalten wird, können sich sicherlich auskömmliche Geschäftsmodelle entwickeln. Abgerechnet wird dann nicht mehr nach Stromverbrauch, sondern nach zeitlicher Inanspruchnahme der Infrastruktur (siehe ausführlich: Exkurs I, Seite 48 ff.).

Exkurs II:
Nachhaltige Mobilität – die Deutsche Bahn

So sehr die Aufmerksamkeit auch auf das velib/autolib-Modell in Paris gerichtet ist und so sehr Car2go in den Medien präsent ist – die am weitesten gehende Integration der verschiedenen Verkehrsmittel realisierte in den letzten Jahre die Deutsche Bahn. Seit 2001 bildet die Deutsche Bahn mit kleinen und mittelständischen Carsharing-Unternehmen ein partnerschaftliches Netz und hat damit erheblich zur Professionalisierung der Carsharing-Angebote beigetragen. Dabei ist mittlerweile ein Markt entstanden, der sich angebots- wie nachfrageseitig durch eine zunehmende Binnendifferenzierung auszeichnet. Nach mäßigem Erfolg des organisierten Autoteilens in den 1990er-Jahren wurde offensichtlich, dass die Zeit der kleinen Schritte in der lieb gewonnenen Nische abgelaufen war. Die Deutsche Bahn, die ja gewöhnlich in der Kritik steht, ihr Stammgeschäft unzureichend zu betreiben, und der selten zugetraut wird, wirkliche Neuerungen umzusetzen, hat sich daran gemacht, sprunghafte Innovationsschübe zu organisieren. Sie hat mit Call a Bike seit 2002 in vielen Städten den Fahrradbaustein im öffentlichen Verkehr eingeführt. Das DB-Carsharing ist bereits seit 2001 verfügbar. Mittlerweile können Bahnkunden an allen ICE-Haltebahnhöfen und in vielen Städten Autos der Bahn unter der Marke »Flinkster – Mein Carsharing« buchen oder die Räder nut-

zen, um ihre Fahrt bis zu ihrem eigentlichen Ziel fortzu-
setzen.

Auto- und Fahrradbausteine als Teil eines umfassenden Mobilitätsangebotes sind also schon etabliert. Doch
erhalten diese durch die Elektromobilität der jüngsten
Zeit weiteren Schwung. Dazu trägt bei, dass sich für das
Carsharing nicht nur das wirtschaftliche, sondern vor allem das gesellschaftliche, politische und technologische
Umfeld ändert. Der erste grüne Ministerpräsident des Au-
tomobilländle Baden-Württemberg, Winfried Kretsch-
mann, fordert mehr Anstrengungen von der Autoindustrie in Sachen Nachhaltigkeit.

Die Hersteller sehen mit Bangen, dass ihnen die
Jungen als Kundengruppe abhanden kommen, und die
Energiewende hin zu den regenerativen Energien bekommt nach der Katastrophe von Fukushima ein unge-
ahntes Momentum. Für die Elektromobilität baut sich im
internationalen technologischen und klimapolitischen
Wettbewerb ein enormer Erwartungsdruck auf und
zusammen mit den Energieversorgern und Telekommu-
nikationsunternehmen entstehen neue Betreiberkoali-
tionen. Europaweit und darüber hinaus haben die Kommunen mit der offensiven politischen Förderung
öffentlicher Fahrradverleihsysteme einen Boom ausge-
löst. Dem unverdächtig daherkommenden Verkehrsmittel Rad ist es gelungen, einen Markt für öffentliche In-
dividualverkehrsmittel auf Basis von Sharing-Modellen,
die zunehmend mit dem öffentlichen Verkehr vernetzt

werden, für Politik und Gesellschaft sichtbar sowie für Industrie und Kunden attraktiv zu gestalten. Aktuell treten regelmäßig neue Akteure in den Markt ein, entwickeln innovative Lösungsansätze und suchen Experimentierräume. Die Kommunen sehen sich mit der (Nach-)Frage nach der Umwidmung beziehungsweise bevorzugten Vergabe öffentlichen Straßenraums als Parkflächen für Carsharing-Fahrzeuge konfrontiert. Da Kommunen auch untereinander in eine verstärkte Standortkonkurrenz nicht zuletzt über Verkehrskonzepte treten, müssen alle aktiver denn je werden.

Auf diese veränderten Rahmenbedingungen kann die Bahn mit ihrem Anspruch, umfassender Mobilitätsanbieter zu sein, zurzeit noch am besten reagieren. Gänzlich neu sind diese Entwicklungen und die dazugehörige Vision einer integrierten, intermodalen Angebotswelt nicht. Erinnert sei an die Reichsbahn, die schon Ende der 1920er-Jahre die Spedition Schenker kaufte, um damit auch den Güterverkehr auf der Straße zu beherrschen, und sich sogar an der Lufthansa beteiligte. Ganz vergessen wird in diesem Zusammenhang immer wieder, dass die Reichsbahn auch den Autobahnbau vorantrieb, ihn über eine eigene Tochtergesellschaft organisierte und finanzierte und bis in die 1940er-Jahre kontrollierte. Es ist daher kein Zufall, dass dieses neue Fernstraßennetz Autobahn genannt wurde. Die Reichsbahn war Ende der 1930er-Jahre mit knapp einer Million Beschäftigten das größte Unternehmen der Welt.

Diese Bedeutung hat die Bahn heute nicht mehr, sie wird sie auch so schnell nicht wieder erlangen. Aber die Elektromobilität bietet der Deutschen Bahn AG neue Optionen. Beispielsweise das Elektroauto als vernetztes System: Die Komponenten existieren bereits, sie müssen allerdings optimiert und weiter technisch integriert werden. Da ist noch viel zu tun und bekanntlich steckt der Teufel im Detail. Doch die Vision lässt sich ausmalen. Wie Busse und Bahnen stehen öffentliche Elektroautos praktisch jedem zur Verfügung, vorausgesetzt er hat sich unter Nachweis einer allgemeinen Fahrerlaubnis einmal angemeldet und ist zugangstechnisch frei geschaltet. Die Fahrzeuge stehen auf zugänglichen Parkplätzen überall an den Knotenpunkten des öffentlichen Verkehrs bereit. Die Carsharing-Technologie erlaubt einen einfachen Zugang per Handy oder Karte, die Autos können ohne lange Vorbuchung direkt genutzt und an jedem anderen freien Parkplatz wieder abgestellt werden. Ist der Ladezustand der Batterie kritisch, bleibt das Fahrzeug gesperrt, die maximale Buchungszeit ist auf zwei Tage begrenzt. Dies gewährleistet eine breite Verfügbarkeit.

In dieser Verknüpfung ist das Elektroauto keine Bedrohung für den öffentlichen Verkehr. Im Gegenteil: Ein Elektroauto mit 100 Kilometern Reichweite bietet die Chance, gravierende Probleme des öffentlichen Verkehrs zu lösen. Es hilft, ein wirklich umfassendes Kundenangebot zu entwickeln, und schafft ein Zusatzangebot.

Denn der Bus- und Bahnbetrieb hat selbst dort Lücken und wenig attraktive »Schwachlastzeiten«, wo er gut ausgebaut ist. Allerdings muss eine kritische Menge an Fahrzeugen vorhanden sein und weitere Innovationen müssen hinzukommen. Die überkommene Trennung von Nah- und Fernverkehr und das oft überdifferenzierte Tarifsystem des öffentlichen Verkehrs gilt es zu überwinden. Ebenso ist der für Gelegenheitsnutzer oft so abschreckende Zugang zu Bussen und Bahnen zu verbessern. Auch hier kann die Deutsche Bahn auf Erfahrungen aufbauen. Denn im Rahmen ihres Touch-&-Travel-Projektes setzt die Bahn bereits ein elektronisches Zugangssystem auf der Basis von Mobilfunktechnik um. Statt ein Ticket zu ziehen, checken die Kunden mit ihrem Mobiltelefon einfach vor der Bus- oder Bahnfahrt ein. Nach dem Ende der Fahrt oder der Fahrten wird ausgecheckt. In der Zwischenzeit gilt ein Barcode auf dem Display des Telefons als Fahrberechtigung. Um einzelne Tarife und um den bisweilen kaum nachvollziehbaren Übergang vom Nah- und Fernverkehr brauchen sich die Kunden nicht zu kümmern. Der Fahrpreis wird im Hintergrund nach dem Bestpreisprinzip berechnet und monatlich wie bei der Telefonrechnung ausgewiesen. Vereinfachung ist das Ziel und so sind auch die notwendigen Informationen per Mobiltelefon abrufbar. Der »DB Navigator« versorgt alle Reisenden und auch diejenigen, die alltäglich im Berufsalltag unterwegs sind, mit den notwendigen Soll- und auch Ist-Fahrzeiten sowie mit allen Informationen über Anschlüsse und Alternativen. Alle Angebote sind als kostenlose Apps für Smartphones verfügbar.

Das smarte Mobiltelefon ist überhaupt ideal für die Verkehrswelt von morgen, auf ihm virtualisiert sich die ebenfalls nicht ganz neue Mobilitätskarte. Alle mit Strom betriebenen Verkehrsmittel lassen sich gleichberechtigt zugänglich machen, nutzen und abrechnen. So lässt sich der Wunsch nach einem modernen und leistungsfähigen individualisierten Verkehrsangebot befriedigen. Mit diesen modernen Helfern gewinnen die Kunden auch im öffentlichen Verkehr die Souveränität zurück, die ihnen aus dem eigenen Automobil so vertraut ist, frei nach dem Motto »Wenn ich selbst fahre, bin ich auch selbst für mein Tun verantwortlich«. Im öffentlichen System schreibt man alle Störungen sofort den Betreibern zu, weil man sich selbst aller Handlungsmöglichkeiten beraubt und gleichsam ausgeliefert fühlt. Mit den Smartphones kommt diese eigene Souveränität auch im oft unübersichtlichen, intermodalen Verkehr wieder zurück.

Wie ein intermodales Angebot konkret aussehen kann, wurde im Rahmen des vom Bundeswirtschaftsministerium geförderten Modellvorhabens »BeMobility« in Berlin und Brandenburg entwickelt (siehe www.bemobility.de). Erstmalig besteht damit ein Angebot aus einem Guss, das im Sommer 2011 schon viele Kunden testen konnten. Die Basis einer Zeitkarte für den öffentlichen Verkehr wird ergänzt durch ein Carsharing-Zeitkontingent sowie durch eine Flatrate für die Nutzung von öffentlichen Fahrrädern. Idealerweise gehört in eine zukünftige Angebotserweiterung auch eine wählbare Anzahl an Fernfahrten mit der Deutschen Bahn dazu. Alles ist bequem in einem Tarif über eine App zu nutzen.

Abbildung 3 auf Seite 75 veranschaulicht das integrierte Angebot in Form einer Mobilitätspyramide. Sie verknüpft konsequent die Basismobilität in Bahnen und Bussen mit den Zusatzoptionen im Schienenfernverkehr, Mietwagen und Mietfahrrad, die es bisher als gebündeltes Angebot nicht gegeben hat. Sie verspricht einfache Verfügbarkeit, individuelle Nutzungsprofile und einen günstigeren Preis als die Summe seiner einzelnen Komponenten. So könnte sie zur echten Alternative für das private Auto avancieren. Das elektrische Fahrzeug kann damit zu einem Element eines leistungsstarken Verbundes werden. Das vermeintliche Handicap einer zu geringen Reichweite löst sich in der integrierten Betrachtung auf.

Die wundersame Welt der elektrischen Bahn ist damit noch nicht vollständig. Mit der DB Energie verfügt der Bahn-Konzern über das viertgrößte Energieunternehmen der Republik und als einziges Unternehmen über ein nahezu flächendeckendes Stromnetz. Seit 2010 fährt bereits die S-Bahn in Hamburg und seit Sommer 2011 auch der gesamte Regionalverkehr der Deutschen Bahn im Saarland ausschließlich mit regenerativ erzeugtem Strom. Die begonnene interne Energiewende soll zeigen: Die Bahn kann in kurzer Zeit zum Rückgrat einer

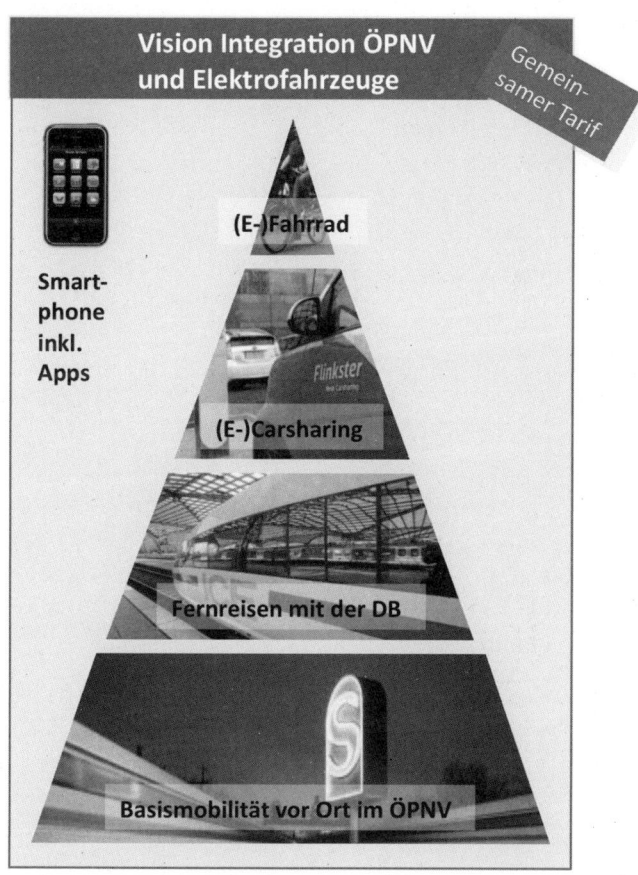

Abbildung 3: Mobilitätspyramide

Grafik: Frank Wolter

CO_2-freien Fortbewegung für den Transport von Menschen und Gütern werden. Allerdings müssen dazu die ordnungs- und steuerpolitischen Rahmenbedingungen geändert werden. Denn unter den gegebenen Umständen treibt selbst für den Staatskonzern die Beschaffung von erneuerbaren Energien zur Sicherung der Grundlast die Kosten nach oben und verteuert den Preis der Bahnfahrten für Mensch und Stückgut deutlich. Die Wettbewerbsfähigkeit der Bahn insbesondere gegenüber den Konkurrenten Flugzeug und Auto könnte sich bei einer drastischen Erhöhung der Erneuerbaren groteskerweise verschlechtern.

Erinnert man sich an die Ziele der Nationalen Plattform Elektromobilität und die Idee des deutschen Leitmarktes für Elektromobilität, hat die Deutsche Bahn insbesondere im internationalen Wettbewerb und beim bestehenden Leistungsportfolio noch erhebliche Potenziale, zu einem führenden Anbieter in der Elektromobilität zu werden. Allerdings müsste die Bundesregierung darüber entscheiden, wie denn die Deutsche Bahn ordnungspolitisch zu definieren ist – als ein privatwirtschaftlicher Konzern mit hoher Renditeerwartung oder ein Vorzeigeunternehmen zur weltweit sichtbaren Demonstration nachhaltiger Mobilität.

Unsicherheiten und Unübersichtlichkeiten

Ob die neue Verkehrswelt tatsächlich Realität wird, hängt auch vom unternehmerischen Mut ab. Zurzeit herrscht allerorten große Ratlosigkeit. Zwar mehren sich die Stimmen, die wie seit 2009 der Vorstandsvorsitzende von Daimler, Dieter Zetsche, von der »Neuerfindung des Automobils« sprechen oder die Parole ausgeben »Reinventing the Automobile«, so der Titel eines programmatischen Buches von Mitchell et al. vom MIT Media Lab (2011). Für die Erfolgsbranche der letzten Jahrzehnte ist es schmerzlich: Die Autohersteller müssen Abschied nehmen vom Konzept des Universalautomobils und ihre Wertschöpfung wird sich von der Produktion von Automobilen und ihrer Finanzierung hin zu umfassenden Mobilitätsdienstleistungen verlagern. Das ist alles andere als trivial. Es bedeutet nicht zuletzt enorme Umbrüche in der Wertschöpfung einer jahrzehntelang verwöhnten Branche und in der internen Hierarchie ihrer Unternehmen. Der klassische Fahrzeugbau wird nicht nur an Bedeutung verlieren, sondern zugleich muss er auch einen neuen technischen Pfad einschlagen. Leichtbauweise und effiziente Antriebstechniken sind zwar nach wie vor anspruchsvolle Hochtechnologiebereiche, doch kommen vor allem Servicefunktionen hinzu beziehungsweise werden massiv ausgeweitet. Diese Transformation betrifft letztlich den Identitätskern der Branche. Denn der Verbrennungsmotor war und ist der Dreh- und Angelpunkt der Automobilentwicklung. Gleichzeitig müssen aber unter dem gleichen Markendach völlig neue Dienstleistungsangebote vermarktet werden. Der Elektroantrieb selbst ist nur begrenzt anspruchsvoll und eine schon ausgereifte Technik, während die Batterie mit Unsicherheiten behaftet ist. Wahrscheinlich wird die Batterie, das mit Abstand teuerste Element eines E-Fahrzeugs, auch nicht verkauft, sondern verleast. Die Fragen, die sich hier für die Produzenten stellen, lauten: Was erwarten die Kunden für eine Leistungstiefe? Reicht es auch zukünftig, Fahrzeuge zu bauen und zu verkaufen? Oder muss die Ladeinfrastruktur hinzukommen? Was ist mit den Stromverträgen? Wer organisiert diese Prozesse und vor allen Dingen: Sind diese elementare Teile der neuen Dienstleistungsidentitäten? Werden sie als Teile der Markenwelt wahrgenommen oder handelt es sich um einfache Zusatzserviceleistungen, die auch von anderen bereitgestellt werden können?

Die deutschen Hersteller verfolgen hier unterschiedliche Strategien. Gedanklich weit voraus ist BMW, das Unternehmen hat sich mit einer neuen Mobilitätsdienstleistungsmarke (BMW i) und der Entwicklung sowie dem am Standort Leipzig ab 2013 vorgesehenen Bau eines neu designten MegaCityVehicles klar und eindeutig für das Elektrofahrzeug als Angebot für Metropolenmärkte entschieden. Mit der Gründung eines Gemeinschaftsunternehmens mit Sixt zur Vermarktung von Carsharing-Dienstleistungen dokumentiert BMW zusätzlich die Absicht, in diesem Markt Fuß zu fassen. Der Volkswagen-Konzern, der traditionell bei Innovationen zögerlich ist, hat 2010 sein Engagement im Bereich der Elektromobilität deutlich forciert: Er testet in mehreren Pilotstädten nicht nur private und gewerbliche Kleinflotten von eGolfs, sondern experimentiert auch in ausgewählten Städten mit Carsharing. Die Daimler AG ist im Bereich der Elektromobilität ebenfalls noch sehr zögerlich. Dank der Beteiligung am Renault/Nissan-Konzern ist der schwäbische Autobauer im politischen Unterstützungswerk aktiv. Die Idee, doch eine Kaufprämie von der Bundesregierung zu fordern, kam von Daimler. Die Liebe des Unternehmens gehört aber schon seit Jahren mehr der Brennstoffzelle. Die Fuel-Cell-Fahrzeuge werden gerne und oft vorgeführt und jedem, der es hören will, wird vermittelt, dass die Daimler AG in der Brennstoffzelle die automobile Zukunft sieht, und nicht im batterieelektrischen Antrieb. Konsequenterweise kündigt Daimler eine Serienfertigung für die B-Klasse mit Brennstoffzellen für 2014 an.

Die Hersteller werden aber noch von einem anderen Phänomen überrascht. Der Einstieg in die Carsharing-Angebotswelt konfrontiert die Unternehmen mit neuen Nachfrageprofilen. Carsharing heißt nämlich in aller Regel definitiv weniger Autonutzung, als dies beim Privatauto der Fall ist, der Wunsch nach einer komplementären Ergänzung entsteht. Wenn man aber den Kunden unter dem Markendach dauerhaft halten will, stehen die Automobilunternehmen vor dem Problem, die interessanten jungen Kundenklientele auch mit Angeboten des öffentlichen Nahverkehrs zu versorgen. Um solche Produkte anbieten zu können, bedarf es einer fundamentalen Transformation einer ganzen Branche.

Vor einer ähnlich tiefgreifenden Transformation stehen auch die Energieversorgungsunternehmen. Der Grund liegt hier im beschleunigten Wachstum der regenerativen Energien. Seit der Kernschmelze in Fukushima ist klar, dass die Umstellung der Energieversorgung auf postfossile Energieträger nicht mehr länger eine romantisch verklärte Sehnsucht ist, sondern zur Alltagsrealität wird. Die Versorgungsunternehmen müssen nicht nur von zentralistischen Großtechniken als dem prägenden Element der traditionellen Stromversorgung Abschied nehmen. Sie sind gezwungen, ihr Netzmanagement radikal umzubauen. Aus dem zentralen Energiesystem wird ein dezentrales, aus einem unidirektionalen Netzmanagement ein bidirektionales. Konkret geht es darum, nicht in erster Linie Strom für elektrische Verkehrsmittel zu verkaufen, sondern das Geschäft einer intelligenten Netzbewirtschaftung insgesamt aufzubauen und zu lernen. Die Hoffnung auf Vehicle to Grid kann nur dann in Erfüllung gehen, wenn es Betreiber gibt, die ein effizientes Netzmanagement leisten und darüber hinaus wirksame Anreize für die Nutzer von Elektrofahrzeugen platzieren, die dazu führen, dass diese sie als temporäre Speicher und damit als Bestandteil von Regelenergie einsetzen.

Wettbewerbsordnungen
und Versorgungssicherheit

Irritierende Signale sendet immer wieder die Bundesnetzagentur. Bedacht auf die Sicherung einer Wettbewerbsdynamik, die beispielsweise die Trennung des Versorgungsnetzes vom Vertrieb der Produkte zwingend voraussetzt, stellt sich stets das Problem, dass die Konstruktion der Bundesnetzagentur selbst ein Geisteskind der großtechnischen Systeme von gestern ist. Das bestehende Oligopol der Energieversorgungsunternehmen bedarf zur Sicherung eines minimalen Wettbewerbsstandards in der Stromversorgung einer strengen Trennung von Produktion, Distribution und Vertrieb. Notwendige Innovationen, die eine nachhaltige Versorgungsqualität sichern oder gar ein Smart Grid etablieren, sind unter diesen Umständen allerdings kaum zu erwarten.

Die Wertschöpfungskette ist dermaßen zerhackt, dass eine integrierte Sicht und damit auch eine Reform am Gesamtsystem praktisch überhaupt nicht möglich sind. Und sie erscheint unter legalen Wettbewerbsbedingungen kaum realisierbar. Das Energiewirtschaftsgesetz (EnWG) in Verbindung mit dem EEG ist jedenfalls hier dringend reformbedürftig. Während traditionell immer die Versorgungssicherheit und seit wenigen Jahren dann die Einführung des Wettbewerbsgedankens gefordert werden, fehlen die rechtstechnischen Voraussetzungen für die Integration von Reformen und damit für die Transformation des zentralen Systems selbst.

Ähnlich wie in der Energiewirtschaft ist die Situation im öffentlichen Verkehr. Auch hier gibt es eine Art Grundgesetz, das Personenbeförderungsgesetz (PBfG), das vor allen Dingen auf die Sicherung von Versorgungsqualität ausgerichtet ist. In dieser Branche ist noch nicht einmal der Wettbewerbsgedanke verankert. Im Gegenteil: Die behördliche Organisation des öffentlichen Transports gilt als zentrales Element der deutschen Daseinsvorsorge. Dasjenige Unternehmen, das eine Konzession erlangt hat, steht daher unter staatlicher Kuratel; es wird auskömmlich finanziert und erlegt sich seinerseits eine Betriebs- und Bedienungspflicht auf. Die Einführung wettbewerblicher Elemente würde hier nur stören, Innovationen sind in diesem Gesetz, das wie das EnWG aus den späten 1930er-Jahren stammt, nicht vorgesehen. Fatal wirkt sich dabei der Umstand aus, dass aufgrund der Anpassungen an das EU-Recht die Finanzierung des öffentlichen Verkehrs, die von sogenannten »Bestellern« geleistet wird, von der eigentlichen Erbringung der Leistungen, den sogenannten »Erstellern«, getrennt ist. Das Erarbeiten von strategischen Planungen oder auch von wesentlichen Produkteigenschaften obliegt einer Kaste von Behördenvertretern, während die Unternehmen die Leistungen erbringen, faktisch aber nur noch Lohnkutscher sind. Auch hier ist die Wertschöpfungskette so auseinandergerissen, dass es keinen Gesamtverantwortlichen mehr gibt, der beispielsweise gegenüber dem Endkunden in der Verantwortung steht. Neue Produkte, neue Dienstleistungen sind unter diesen Umständen nicht zu erwarten und es ist völlig illusorisch anzunehmen, dass der Sektor des öffentlichen Verkehrs unter den gegebenen Umständen eine strategische Rolle bei der Gestaltung des zukünftigen Verkehrs einnehmen könnte. Wenn man sich aber vergegenwärtigt, dass der Betrieb von öffentlichen Verkehrsmitteln zukünftig noch wichtiger sein wird und keineswegs eine Resteversorgung für Menschen darstellt, die sonst über keine Alternative verfügen, zeigt sich auch hier die völlige Untauglichkeit des bestehenden Rechtsrahmens. Die Unternehmen, die sich zu mehr als zwei Dritteln in kommunaler Hand befinden, sind für die Zukunftsaufgaben schlecht gerüstet. Weder können sie Auto- oder Fahrradbausteine integrieren noch ist unter den bestehenden Rechts- und Finanzierungsbedingungen überhaupt ein unternehmerischer Elan zu erwarten. Die Chancen, aber auch die Risiken des intermodalen Marktes werden bei den Unternehmen des öffentlichen Verkehrs daher noch längst nicht wahrgenommen.

Zusammenfassend muss man daher kritisch konstatieren, dass die beiden Infrastrukturbereiche Energie und Verkehr noch stark vom Gedanken der Versorgungssicherheit geprägt werden. Experimentierräume für Innovation sind jedenfalls rar.

Allianzen
und Gemeinschaftsarbeit

Notwendige Grenzüberschreitungen

Der Übergang vom batterieelektrischen Auto zur Elektromobilität, der Einstieg in eine Form nachhaltiger Verkehrsdienstleistungen kommt nicht von alleine. So günstig die Umstände sich auch darstellen und so interessiert sich die junge Generation weltweit an einer solchen neuen Beweglichkeit auch zeigt – dieser Wandel muss aktiv gestaltet werden. Die beschriebenen energiewirtschaftlichen und verkehrspolitischen Grundgesetze und die klassische Interpretation der Daseinsvorsorge als eine schwergängige Versorgungssicherungsmaschinerie erlauben eigentlich keinen Wechsel der Grundkoordinaten. Man darf auch nicht übersehen, dass Innovationen immer Veränderungen bedeuten, die nicht als fertige Lösung vom Himmel fallen, sondern riskante Manöver darstellen, deren tatsächliche Wirkung zunächst nicht klar ist. Das Verschieben von Machbarkeitsgrenzen wird am Ende nicht nur Gewinner hervorbringen und mögliche Verlierer bauen hier lieber schon mal vor.

Die technischen Umstellungen und Optimierungen für eine integrierte Elektromobilität sind in ihren Schwierigkeitsgraden ebenfalls nicht zu unterschätzen: Die immer wieder gerne zitierte Aussage »die Technik ist eigentlich da« bestätigt die Erfahrung aus den bisherigen E-Mobility-Pilotprojekten, die seit 2009 in Gang gesetzt wurden, nicht. Alle von den vier Ministerien Verkehr, Wirtschaft, Umwelt und Forschung geförderten Modellregionen zeigen, dass weder die Fahrzeugtechnik noch die Ladeinfrastruktur, erst recht nicht das intelligente Zusammenspiel von beiden, bisher wirklich so funktionieren, dass es alltagstauglich wäre. Im Berliner Modellversuch »BeMobility« fielen Anfang 2011 gut die Hälfte der Ladesäulen und knapp ein Drittel der Fahrzeuge bei Minustemperaturen einfach aus. Die Kapazitäten der Batterien gingen im Schnitt um ein Drittel zurück.

Die höchsten Hürden für die Realisierung intermodaler Mobilitätskonzepte sind angesichts der notwendigen und tiefgreifenden Transformationen aber noch nicht einmal technischer, sondern vielmehr sozialer und innovationskultureller Art. Ungewohnte Bündnisse und Kooperationen ohne Vorbild sind nötig, um eine attraktive vernetzte Elektromobilität zu verwirklichen. Angesichts der Tatsache, dass die Wettbewerbsordnung sowie auch die Finanzierungsstrukturen wichtiger Branchen keine Voraussetzungen für radikale Innovationen vorsehen, sind individuelle Grenzüberschreitungen besonders wichtig. Wenn sich Unternehmen, Behörden und Regulierungseinrichtungen streng an die vorgegebene Ordnung halten, wird es keine Elektromobilität im Sinne einer umfassenden verkehrlichen und energetischen Lösung geben.

Hinzu kommt, dass mit der notwendigen Ausdehnung des Kerngeschäfts Identitätsfragen auf die Agenda geraten. Wer macht was und wer ist für was zukünftig verantwortlich? Das komplexe Zusammenspiel braucht Räume, in denen diese Grenzüberschreitung ohne Gesichtsverlust in einem vertraulichen, produktiven Umfeld möglich ist. Es bedarf einer »Allianz der Willigen« und keines Bündnisses, bei dem man nicht weiß, ob hier Unternehmen nur mitmachen, um bei der erstbesten Gelegenheit auf die Bremse zu treten. Die Technik- und Wissenschaftsgeschichte ist voll von solchen Beispielen des subversiven Hintertreibens. Kann man den Energieversorgern wirklich trauen, dass sie den konsequenten Einstieg in die postfossile Welt mitmachen? Sind die Fahrzeughersteller wirklich schon so weit, ihr Kerngeschäft radikal neu zu interpretieren und sich zu Mobilitätsdienstleistern zu wandeln? Sind die Städte und Kommunen nur mit dabei, weil es dafür gerade Geld vom Bund gibt? Und was ist mit den Vertretern der öffentlichen Verkehrswirtschaft, die immer wieder genannt werden, die sich bislang aber mit Ausnahme der Deutschen Bahn überhaupt nicht engagieren und sich eher in der Trutzburg herrschender rechtlicher und finanzieller Verhältnisse verschanzen und schon vorsorglich eine vermeintliche Kannibalisierung ihres Bus- und Bahnbetriebes beklagen?

Nationale Plattform Elektromobilität

Auf diese Fragen gibt es noch keine Antworten. Die Konzernstrategen sind unsicher und sondieren die Gemengelage. In dieser Situation der anstehenden Transformationen sind Diskursräume wichtig, in denen eben verschiedene Branchen und Disziplinen übergreifend jenseits der bestehenden Ordnungs- und Wettbewerbslandschaft zusammenkommen und Neues erdacht und probiert, Pilotiertes verändert und eine potenzielle Lösung wieder neu überlegt werden können. Wer auch immer die Nationale Plattform Elektromobilität erfunden hat – unter der geschickten Regie der Gemeinsamen Geschäftsstelle (GGEMO) jedenfalls wurden erste Konturen entwickelt und Korsettstangen für einen solchen Raum eingezogen. Im Mai 2010 richtete die Geschäftsstelle sieben thematisch strukturierte Arbeitsgruppen ein, die vier beteiligten Ministerien sowie das Kanzleramt beriefen Experten aus den Bereichen Industrie, Wissenschaft und Zivilgesellschaft. Ein Lenkungskreis, dem die Staatssekretäre der Bundesministerien, die GGEMO sowie die Vorsitzenden der Arbeitsgruppen angehörten, tagte unter einem eigens berufenen Vorsitzenden monatlich und diskutierte den Arbeitsfortschritt. Begleitet wurde diese Runde durch den sogenannten Industriekreis, der vom Verband der Automobilindustrie sowie der Bundesvereinigung der Deutschen Industrie koordiniert wurde, in dem auch die IG Metall vertreten war. Die AG-Vorsitzenden gehören in aller Regel den Vorständen an und der Industriekreis wurde jeweils von den

Präsidenten beziehungsweise Vorsitzenden repräsentiert. Hinzu gesellte sich das sogenannte Redaktionsteam, das aus je einem Vertreter der AGs sowie des Industriekreises bestand und das den Schreibprozess des Ersten und Zweiten Berichtes übernahm. Auch die Vertreter dieses Teams nahmen an den Sitzungen des Lenkungskreises teil.

Wie bereits erwähnt, war das ursprüngliche Motiv zur Beteiligung an der NPE, möglichst rasch eine Verständigung über den Forschungs- und Entwicklungsbedarf zu erzielen. Dies gelang in wichtigen technischen Fragen, beim Antriebsstrang, bei der Material- und der Batterieforschung, in den Fragen der Normung und insbesondere in den Fragen der beruflichen und akademischen Bildung. Die Experten einigten sich schnell auf die wichtigsten Themen, die dringlichsten Forschungsfragen und natürlich auf das aus ihrer Sicht notwendige Volumen staatlicher Forschungsförderung, die ergänzend zu den Eigenmitteln der Industrie eingefordert wurde. In zwei Arbeitsgruppen aber prallten die unterschiedlichen Welten dann doch aufeinander. Die AG Infrastruktur sowie die AG Rahmenbedingungen offenbarten die strategischen Probleme des gesamten Vorhabens. Wenn die Energieversorger ihre Ladesäulen finanziert, die Forschung alle ihre Wünsche unterstützt und die Autoindustrie die teuren E-Autos heruntersubventioniert haben möchten, dann addierten sich die Summen alleine an öffentlicher Förderung nur bis zum Jahre 2017 schon mal auf mehr als zehn Milliarden Euro. Dass dies weder begründungsfähig noch überhaupt finanzierbar ist, das wurde im Laufe des Jahres allen Beteiligten klar und machte Verhandlungen und Kompromisse notwendig. Ebenfalls klar wurde, dass hinsichtlich der für die Planungen so wichtigen Annahmen und Projektionen keine Klarheit herrschte: Wie würde sich der Rohölpreis entwickeln und wie der Strompreis? Große Unsicherheit herrschte über die tatsächlich zu erwartenden Entwicklungen in der Batterietechnik. Wie viel Euro eine Kilowattstunde Batteriekapazität in zwei, vier oder acht Jahren kosten wird, konnte niemand sicher prognostizieren. Wie hoch ist die Zahlungsbereitschaft der Kunden? Wie ließe sich die sogenannte TCO-Lücke (Total Cost of Ownership, also die Summe, die ein Fahrzeug den Besitzer über die gesamte Produktlebenszeit tatsächlich kostet) schließen und wie groß ist sie eigentlich? Und vor allen Dingen die Grundfrage überhaupt: Ist mit einem völligen Ersatz der otto- und dieselmotorischen Verbrennungsfahrzeuge zu rechnen oder sollte man eher davon ausgehen, dass elektrische Autos einen Teilmarkt besetzen, der sich vorwiegend auf die Metropolen beschränken wird? Besonders grotesk entwickelte sich die Diskussion, als man für die volkswirtschaftlichen Prognosen zur Erstellung von Hochlaufkurven auf einen Stand der Ladeinfrastruktur zurückgreifen musste, der sich in den Modellregionen schon längst als untauglich erwiesen hatte.

Ein weiteres Manko der NPE stellte sich ebenso rasch heraus: Zwar waren die Gremien breit besetzt, aber die Definitionsmacht war sehr ungleich verteilt. Autoindustrie und Energieversorger mobilisierten wesentlich mehr Unterstützung als die Umwelt- und Verkehrsverbände. Dennoch konnten jenseits des Jonglierens mit großen Zahlen immer auch branchenübergreifende Gemeinsamkeiten verabredet werden. Besonders gut gelang dies durch eine Art Vorwärtsverteidigung. Immer wenn unversöhnliche Vorstellungen aufeinander stießen, verständigte man sich auf einen noch zu ermittelnden Wissensbedarf. Die Erfolgsformel gegenüber den heftigen Ansprüchen nach schnellen Subventionen lautete, die Notwendigkeit von weiterer Forschung und Entwicklung zu deklarieren.

Der notwendige Konsenskern kristallisierte sich in zwei Großprojekten heraus: den Leuchtturmprojekten, in denen vor allen Dingen noch offene technische Probleme gelöst werden sollen, sowie den Schaufenstern. Schaufenster sollen die Formel für ein groß angelegtes Experiment sein. Im Schaufenster kann sich das Versprechen, ein Leitmarkt der Elektromobilität zu werden, plastisch und öffentlichkeitswirksam realisieren. Die häufig sehr kleinteilige Förderlandschaft der verschiedenen Modellregionen kann im Schaufenster zu sichtbaren Großprojekten gebündelt werden. Schaufenster sind daher Darstellungen alltagstauglicher Lösungen, eine Leistungsschau der deutschen Elektromobilität. In diesen Schaufenstern wird dann auch zu prüfen sein, ob und wie eine große Zahl von E-Fahrzeugen wirkungsvoll einzubringen ist. Es geht also hier darum, die neuen Mobilitätsdienstleistungen zu erproben. Es geht um Kundenakzeptanz, um das veränderte Nutzungsverhalten und um die Verbindung von energetischen mit verkehrlichen

Fragen. In Schaufenstern sollen Experimentierklauseln zur Anwendung kommen, um den notwendigen Rechtsrahmen für eine öffentliche Nutzung von Flächen für die Erprobung von Fahrzeugflotten zumindest zeitlich befristet zu gewähren.

Kaskaden und »Versäulung« im Innovationssystem

Die Nationale Plattform Elektromobilität hat nach einem Jahr ihre Funktion als geschützter Diskursraum erfüllt. Allerdings steht die wirkliche Bewährungsprobe noch aus. Um wirkungsvoll die neue Verkehrswelt vorzubereiten, sind einige Änderungen in der Konstruktion der NPE notwendig: Die Möglichkeit der Beteiligung der Umwelt- und Verbraucherverbände muss sich deutlich verbessern, damit die hier vorhandene Kompetenz sich in den Diskursen und auch in den Entscheidungen widerspiegeln kann. Noch entscheidender wird aber die Frage sein, wie sich die ambitionierten Forschungs- und Entwicklungsprogramme verwalten lassen. Denn die vier involvierten Bundesministerien beharren auf ihren jeweiligen Zuständigkeiten, während die Industrie gern nur einen Ansprechpartner hätte. Hinzu kommt ein Grundsatzproblem des modernen Wissensmanagements, das beim Übergang vom batterieelektrischen Fahrzeug in die Elektromobilität überaus deutlich wird. Das deutsche Innovationssystem ist immer noch von der Vorstellung einer Kaskade geprägt, nach der das Wissen aus der Grundlagenforschung langsam in die Anwendungen fließt, um am Schluss in neue Produkte und Dienstleistungen zu münden. Dementsprechend sehen auch die forschungsinstitutionelle Anordnung und die Finanzierungsregeln aus: Universitäten oder auch die Max-Planck-Institute sollen sich der Grundlagenforschung widmen, sie bekommen ihre Ausgaben, weil ja zweckfrei geforscht wird, auch bis zu 100 Prozent ersetzt. Sobald dann eine Projektlinie identifiziert wird und die anwendungsnahen Institute wie beispielsweise die der Fraunhofer-Gesellschaft übernehmen, gibt es nur noch eine Teilkostenerstattung. Wenn sich dann Industrieunternehmen beteiligen, sinkt die Förderquote nochmals deutlich. Diese zuwendungs- und haushaltsrechtliche Grundordnung widerspricht aber den tatsächlichen Geneseprozessen des Neuen. Innovationen – und dies gilt insbesondere für die Elektromobilität – sind keine Top-Down-Veranstaltungen und verlaufen vor allen Dingen nicht linear. Sie entstehen vielmehr in reflexiven Schleifen und werden vom dialektischen Verhältnis von Versuch und Irrtum geprägt. Dies geschieht völlig quer zu den ordnungspolitischen Idealen und Förderstrukturen.

Die Förderpraxis, die aus der Ableitung des überkommenen Kaskadenmodells entsteht, ist voller Absurditäten. Eine Universität, die aus fertigen Komponenten ein Auto bauen möchte, erhält die volle Förderung der Kosten aus öffentlichen Geldern, während ein Industrieunternehmen, das sich aufgrund von Problemen in der Anwendung von Ladestationen mit dem Thema induktives Laden im Format der Grundlagenforschung beschäftigt, nur ein Drittel der Kosten ersetzt bekommt. Die Vergabe des Geldes sollte sich in Zukunft weniger danach ausrichten, wer der Empfänger ist, sondern welchen Zweck die Förderung verfolgen soll. Die Formel »Industrie = Anwendung und Hochschule = Grundlagenforschung« kann jedenfalls als Universalformel keine Gültigkeit beanspruchen. Möglicherweise bietet der mehrfach diskutierte Vorschlag, die gesamte Förderung in einem Fonds zu konzentrieren, hier neue Perspektiven der Mittelvergabe.

Ein weiteres Problem ist die in Deutschland ausgeprägte »Versäulung« des Innovationssystems. Neben den Universitäten und Hochschulen stellen die Max-Planck-Gesellschaft, die Helmholtz-Gemeinschaft sowie die Fraunhofer-Gesellschaft und die Leibniz-Gemeinschaft eigenständige und forschungsstarke Trägergemeinschaften dar, die übergreifende Forschungsansätze erschweren. Oft beginnen sie parallele Aktivitäten, die wenig bis gar nicht koordiniert sind. Die Gefahr der Doppelförderung oder zumindest eines nicht wirklich effizienten Mitteleinsatzes ist unter solchen Bedingungen groß. Transparenz ist schwer herzustellen.

Getrennte Welten zwischen Wissenschaft und Industrie

Aber damit sind noch nicht alle Grundprobleme des deutschen Innovationssystems benannt. Besonders gravierende Schwierigkeiten entstehen bei der Zusammenarbeit von wissenschaftlichen Instituten mit der gewerblichen Wirtschaft. Dies wäre vielleicht keiner größeren Beachtung wert. Doch Forschung und Entwicklung sind so etwas wie die strategische Grundperspektive für die Durchsetzung der Elektromobilität – zumindest für die nächsten Jahre. Es wird einfach unterstellt, dass im Land der großen Erfinder und der fundamentalen technologischen Durchbrüche schon genügend Innovationen entstünden, wenn man die wissenschaftliche Forschung nur mit genügend Mitteln und hoher Autonomie ausstattet. Doch weit gefehlt. Der wirtschaftlich verwertbare Output aus dem Wissenschaftssystem gilt in Deutschland als viel zu gering. Das liegt daran, dass hierzulande die Reputationssysteme der akademischen Disziplinen streng und unflexibel sind. Gemeint sind damit die Kriterien und Leistungsmerkmale für das, was man gute Wissenschaft nennt. Wer eine Professur anstrebt, muss Veröffentlichungen in hoch renommierten wissenschaftlichen Zeitschriften nachweisen. Um von diesen akzeptiert zu werden, wird ein oft langwieriges sogenanntes Peer Review in Gang gesetzt, das heißt allein und ausschließlich die Fachkollegen bewerten den Beitrag. Diese Zeitschriften sind in aller Regel der Grundlagenforschung gewidmet und auf den innerwissenschaftlichen Diskurs ausgerichtet. Ausflüge

in die Wirtschaft oder gar die Gründung von Forschungs-
firmen oder Startups werden in diesem Reputationssystem
nicht unterstützt. Wirtschaftliche Erfolge können Wissenschaftler kaum in wissenschaftliche Wertschätzung verwandeln, was in aller Regel dazu führt, dass zwar eine Viel-
zahl von Kooperationsprojekten existiert, man aber nicht
wirklich grenzüberschreitend zusammenarbeitet und dass es
kaum personelle Übergänge gibt. Die Referenzwelten bleiben streng getrennt, weil die Reputationsstandards einfach
inkompatibel sind. Wer Professor werden will, darf sich
keine Ausflüge in die Welt der Wirtschaft leisten. Erst wenn
man an der Spitze der höchsten Besoldungsstufe und des
höchsten Ansehens angekommen ist, dann erweitern sich
auch die Spielräume für Unternehmensgründungen oder
für andere Beziehungen zur Wirtschaft. Das Wissenschafts-
zentrum Berlin hat gemeinsam mit dem Zentrum Europäische Wirtschaftsforschung jüngst junge Wissenschaftler in
den Naturwissenschaften nach ihren Orientierungen be-
fragt und dabei festgestellt, dass Aktivitäten des Technologietransfers oder gar wirtschaftliche Aktivitäten ganz hinten
in der Wertehierarchie landen. Höchste Priorität haben Pu-
blikationen in wissenschaftlichen Zeitschriften (Wentland,
Knie, Simon 2011).

Im Feld der Elektromobilität ist die Trennung der beiden Welten als besonders kritisch anzusehen, weil hier die
Grenzüberschreitungen zwischen den verschiedenen Wert-
schöpfungsstufen des Wissens flexibel und in alle Richtun-
gen offen sein müssen. In der Wissenschaftspolitik ver-

sucht man zwar schon seit Jahren durch die intensive Unterstützung des Wissens- und Technologietransfers, neue Anreize und Impulse des Übergangs zu setzen; allerdings bleiben die Erfolge bislang weitgehend aus. Das akademische Reputationssystem lässt nicht zu, dass wissenschaftliche Assistenten zur Weiterentwicklung des Projektes für eine definierte Zeit in die Industrie wechseln. Es gilt hier der kategorische Imperativ: entweder Wissenschaft oder Wirtschaft. Er verhindert, dass wissenschaftliche Erkenntnisse aus dem Labor heraus in Piloten oder Demonstratoren getestet also validiert werden. Nur wenn die akademischen Erkenntnisse außerhalb des akademischen Systems und unter der Beteiligung der Wirtschaft und der möglichen Nutzer überprüft werden, können tatsächliche Innovationen aus ihnen entstehen. Doch zwischen der Welt der Wissenschaft und der Industrie sind die Wege oft weit und mühsam. Es ist daher auch kein Zufall, dass in den wissensintensiven Zukunftsbranchen in Deutschland in den letzten 20 Jahren kein neues Unternehmen und auch kein neues Produkt oder eine innovative Dienstleistung von Weltgeltung entstanden ist.

Die Exportstärke Deutschlands ruht immer noch im Wesentlichen auf den Branchen und Disziplinen, die bereits vor 100 Jahren den wirtschaftlichen Erfolg ausgemacht haben: Chemie, Automobile sowie Anlagen- und Maschinenbau. Die Zahl der akademischen Spin-off-Gründungen verharrt in Deutschland trotz aller Rhetorik schon seit Jahren auf sehr niedrigem Niveau und bleibt mit wenigen tausend Gründungen pro Jahr im ganz kleinen Prozentbereich aller Gründungen.

Die Wissenschaftspolitik versucht nun, über die Einrichtung von Grenzräumen oder Applikationslaboren beide Welten zusammenzubringen. An dieser Nahtstelle muss die Nationale Plattform Elektromobilität sicherlich noch weitere Projektüberlegungen entwickeln. Sie muss selbst einen solchen Raum etablieren. Einfach nur viel Geld in das System zu pumpen ist nicht genug. Bei der Verabschiedung von Förderrichtlinien kann sie beispielsweise darauf achten, dass bei der Einwerbung öffentlicher Gelder verbindliche Formen der Zusammenarbeit verabredet werden. Ein üblicherweise verlangter Konsortialvertrag reicht da nicht aus, weil dieser nur Unverbindliches regelt und die tatsächliche Trennung der beiden Welten elegant verbirgt. Möglicherweise sind stabile Regelungen nur durch die Gründung jeweiliger gemeinsamer Projektentwicklungsgesellschaften angemessen zu dokumentieren. Vermutlich wird die Kunst darin bestehen, alle Lieferanten der Wertschöpfungskette, die jetzt in einer linearen Abfolge und getrennt an Themen arbeiten, in einen Wirkungsverbund zu bringen, bei dem nicht nur die jeweiligen Teilergebnisse, sondern gleichsam das Gesamtkunstwerk von allen mitzuverantworten ist. Damit lassen sich enge Abstimmungen und eine gegenseitige Bezugnahme erreichen.

Es ist jammerschade: In den letzten Jahren hat sich ein erhebliches Wissen in den Unternehmen angesammelt, das oft nicht weiterverarbeitet wird. Der Einsatz verschiedener

Fahrzeugkonzepte, die Erprobung von Ladeinfrastrukturen und auch die Testläufe von Pilotkunden haben Datenbestände generiert und Erfahrungen gebracht, die die Unternehmen aber weder angemessen dokumentieren noch auswerten oder gar für die Produktentwicklung nutzen konnten. Hier wäre dringend der Wissensrücktransfer in die akademischen Welten erforderlich, um die Erkenntnisse zu systematisieren und Impulse bei der Entwicklung neuer Forschungsvorhaben zu setzen.

Die branchenübergreifende Verständigung, der produktive Austausch jenseits der Fachkulturen sind für die Entwicklung des Feldes der Elektromobilität daher von großer Bedeutung. Im Alltag der Unternehmen oder Forschungseinrichtungen lassen sich die vermuteten synergetischen Schätze ansonsten nicht heben. Die Konzentration auf die Forschungs- und Entwicklungsperspektive sollte die Zusammenarbeit einerseits erleichtern, weil man sich ja noch im vorwettbewerblichen Bereich befindet. Mit der Konzentration auf einige Leuchttürme und wenige Schaufenster käme auch der Zwang zur öffentlichen Wahrnehmung und zur Sichtbarkeit der Aktivitäten. Keiner weiß wirklich, wie sich mithilfe der Elektromobilität eine nachhaltige Energie- und Verkehrspolitik entwickeln lässt, ob tatsächlich Deutschland Leitmarkt wird und die Unternehmen dann auch Leitanbieter dieser wissens- und technologiebasierten Dienstleistung sein werden. Wichtig erscheint aber, dass man den Weg einschlägt und dass die unterschiedlichen Branchen und Wissenskulturen trotz der strukturell ungleich verteilten Macht in einem produktiven Austausch bleiben. Denn eines haben die letzten Jahre bereits gezeigt: Es wird keinen Durchmarsch einer einzelnen Branche oder eines einzigen Industriezweiges geben können. Vielmehr werden Industrie und Wissenschaft mehr denn je auf eine Gemeinschaftsarbeit angewiesen sein.

Ausblick:
Vom Batteriefahrzeug
zur Elektromobilität

Es ist ein Bonmot, dass die Elektromobilität »keine natürlichen Feinde« habe. Und sieht man sich die Beschlüsse und Entschließungen aller im Bundestag vertretenen Fraktionen zu diesem Thema an, kann man in der Tat keine substantiellen Unterschiede erkennen. Ob zwischen Regierung und Opposition oder zwischen dem Bund und den Ländern – überall dort, wo man eigentlich Streit und Differenz vermutet, herrscht Einigkeit darüber, dass die Elektromobilität ein wichtiger Baustein für die Zukunft der Mobilität sei und dazu dienen könne, die Exportstärke Deutschlands nachhaltig zu sichern. Man weiß dabei jedoch immer noch nicht genau, ob auch alle das Gleiche meinen und vom Gleichen reden. Elektromobilität ist zwar die Lösung. Aber was war das Problem?

Ölkrise, Kalifornien und der Rügen-Versuch

Auffällig ist jedenfalls, dass sich der Begriff Elektromobilität festgesetzt hat. In den 1960er- und 1970er-Jahren sprach man dagegen noch vom batterieelektrischen Fahrzeug oder vom Batteriefahrzeug oder einfach vom Elektroauto. Zu der Zeit ging es ausschließlich um einen Wechsel des Antriebssystems. Im Vordergrund stand damals weniger die Angst vor dem Ende des Öls als vielmehr die Furcht vor den damit verbundenen politischen Abhängigkeiten. In Handlungsnot waren die Autohersteller damals aber auch schon. Ab Mitte der 1960er-Jahre war das scheinbar naturwüchsige Wachstum der Automobilproduktion erstmals ins Stocken geraten, zudem entstanden erste umweltpolitische Forderungen, die ersten Schadstoffgrenzwerte wurden erlassen, das Blei aus dem Kraftstoff wurde verbannt. Schon 1967 gründete die damalige Daimler-Benz AG mit der Volkswagen AG die Deutsche Automobilgesellschaft (DAUG). Aus dem ursprünglichen Plan, Elektroautos zu bauen, wurde zwar nie etwas, aber immerhin produzierten die Unternehmen viele Jahrzehnte lang Starterbatterien für konventionelle Fahrzeuge.

Wegen der in den 1970er-Jahren ausbrechenden Ölkrisen sowie auch der wachsenden Umweltfolgen des Massenverkehrsmittels Automobil in und um Los Angeles herum verschwand die Option Elektroauto in den USA eigentlich nie ganz von der Agenda der Alternativen. Die 1990 vom California Air Resources Board (CARB) entfachte Debatte um Zulassungsquoten für Null-Emissionsautos ab dem Jahr

1998 startete eine weltweit intensiv geführte Diskussion um Sinn und Unsinn des batterieelektrischen Autos. Immerhin konnte der damals größte Autohersteller General Motors mit dem EV 1 ein originelles Elektro-Serienauto vorstellen, das große Beachtung fand und von dem fast tausend Stück produziert (und kurze Zeit später schon wieder verschrottet) wurden (vgl. Shnayerson 1996).

In Deutschland startete 1992 unter der Schirmherrschaft des damaligen Forschungsministers Heinz Riesenhuber und der damaligen Umweltministerin Angela Merkel der »Rügen-Versuch«. Dieser beinhaltete einen großen Flottentest mit 60 Autos, der in Fachkreisen hinsichtlich seiner Ergebnisse heftig diskutiert wurde. Ende der 1990er-Jahre wurde es dann aber wieder still um das Elektroauto. Alle Versuche, diese Antriebsalternative auch nur in einem kleinen Marktsegment zu etablieren, schlugen fehl. Interessanterweise waren damals gar keine anderen Branchen in nennenswertem Umfang beteiligt. Der Energiekonzern RWE war zwar immer schon am E-Auto interessiert, durchaus auch weil es ein mögliches Absatzgebiet für Strom bot. Aber das Interesse reichte nicht für eine strategische Positionierung zu dieser Antriebsalternative. Erneuerbare Energien und der Druck, zusätzliche Speicheroptionen zu kreieren, spielten keine Rolle. Bemerkenswerterweise blieb auch der öffentliche Verkehr außen vor, obwohl dieser es zu einer beachtlichen Kompetenz in der Elektrotraktion gebracht hatte und die Oberleitungsbusse (O-Busse) immer gern als interessantes Anwendungsgebiet genannt wurden.

Doch was lehrt uns die Geschichte? Offenkundig ist, dass sich das batterieelektrische Fahrzeug bislang nicht durchsetzen konnte. Es sei daher nochmals daran erinnert: Fixiert man sich allein auf den Antrieb, ist der Kampf gegen die Vormachtstellung des Verbrennungsmotors nicht zu gewinnen. Die Frage, die sich stellt, lautet schlicht: Sind heute Umstände wirksam, die das ändern könnten? Bereits nach den Ölkrisen der 1970er-Jahre galt Öl als endlich und teuer und auch damals investierten andere Nationen erhebliche Forschungsmittel in die Entwicklung der E-Autos. Die Hoffnung auf die Wunder der Batterietechnologie half damals nicht und wird auch in den nächsten Jahren nicht helfen. Einen Unterschied zu damals gibt es allerdings, und der heißt China. Während Ende der 1990er-Jahre die Welt das E-Auto wieder in die Ecke stellte, blieb alleine China am Ball. Der damalige Präsident der Tongji-Universität in Schanghai und heutige Minister für Wissenschaft und Forschung, Wan Gang, wurde zum Koordinator eines nationalen Programms ernannt und verkündete bereits 2003 in vertraulicher Runde, dass der Diesel- und der Ottomotor europäische Antworten für die Fragen des 19. und 20. Jahrhunderts gewesen seien, die Elektromobilität hingegen die Lösung für die Probleme des 21. Jahrhunderts darstelle und dass dies Chinas große Chance zur Technologieführerschaft sei.

Auf der Suche nach weiteren Unterschieden zu damals wird man an der französischen Atlantikküste im wunderschönen La Rochelle fündig. Hier haben betagte Peugeots

106 mit elektrischem Antrieb bis heute überlebt und zwar als Carsharing-Fahrzeuge. Technische, logistische und kostenbezogene Probleme sind im Carsharing lösbar. Außerdem erbringt es den Nachweis der Nützlichkeit. Interessierte E-Autonutzer brauchen sich keine teuren Autos zu kaufen, sondern nutzen diese im Carsharing einfach gelegentlich. Die geteilten Kosten dafür können sich breite Kreise der Bevölkerung leisten. Auf die gleiche Menge Fahrzeuge kommen nicht nur mehr Menschen; man fährt noch dazu sauberer und vor allen Dingen viel leiser.

Eine neue Antriebsart integriert in einer neuen Dienstleistung, das scheint die Voraussetzung für eine tatsächlich auch Erfolg versprechende Perspektive zu sein. Der Übergang vom batterieelektrischen Fahrzeug zur Elektromobilität markiert genau diesen Paradigmenwechsel, weg von der Fixierung auf das technische Gerät und weg von der Konzentration auf die Rennreiselimousine als Referenzobjekt. Wer das E-Auto immer in diesen direkten Vergleich schickt, der kann gar nicht an der Verbreitung interessiert sein, weil unter den gegebenen Umständen auch heute keine breite Nutzerakzeptanz zu erzielen ist. Stattdessen kann ein Gesamtsystem, das neue Dienstleistungen integriert, die nicht nur Autos, sondern auch Pedelecs und E-Scooter umfassen, und das auch die übrigen Angebote der Busse und Bahnen einbezieht, zu einem neuen leistungsstarken Verbund werden. Verbindet man zusätzlich diese neuen verkehrlichen Optionen mit den Erfordernissen eines intelligenten Stromnetzes und den Möglichkeiten der Telekommunikation, dann drückt der Begriff der Elektromobilität tatsächlich diese neue Tiefe und Breite der Wertschöpfung aus. Hierzu bedarf es einer abgestimmten Koordination der Forschungs- und Entwicklungsprojekte. Denn zurzeit herrscht noch das Referenzbild des klassischen Automobils vor und es droht die gleiche »Fehloptimierung« wie in den früheren Jahrzehnten. Die Batterieforschung, die Ladeinfrastruktur und auch die Fahrzeugtechnik können nicht weiter getrennt bearbeitet werden in dem vermeintlich sicheren Wissen, man habe das gemeinsame Ziel eines neuen Autos klar vor Augen. Mit der mehrfachen Integration entwickelt sich aus dem alternativen Antriebsprojekt ein modernes Innovationsvorhaben, dessen Komplexität und Gestaltungsbedürftigkeit sicherlich nicht zu unterschätzen sind, dessen Potenzial in Bezug auf systemische Lösungen für eine nachhaltige Stadtentwicklung aber auch nicht überschätzt werden kann. Es ist also ein gutes Zeichen, dass sich der Begriff Elektromobilität durchgesetzt hat. Man kann nur hoffen, dass auch alle wissen, was damit gemeint ist.

Vernetzte Elektromobilität: Häufig gestellte Fragen

Die neue Mobilitätswelt ist ein Zukunftsbild, das auf die individuellen Mobilitätsbedürfnisse in der modernen Gesellschaft eingeht und zugleich einen Ausweg aus der fossilen Sackgasse aufzeigt. Aber immer wieder tauchen Zweifel auf. Wie realistisch ist eine solche Perspektive? Immerhin leben wir doch in einer Welt des millionenfachen privaten Autobesitzes. Da fällt es schwer, sich vorzustellen, ohne die eigene Rennreiselimousine auszukommen. Eine Verzichtslösung hat wenig Charme. Skepsis mischt sich mit Besitzstandsdenken und der Angst, auf vertraute Routinen verzichten zu müssen. Es fehlt aber auch oft die Fantasie, sich die Chancen und Möglichkeiten vorzustellen, die in einem Wandel zur vernetzten Elektromobilität liegen. Vor allen Dingen dann, wenn auch die Frage nach den Durchsetzungschancen der erneuerbaren Energien plötzlich mit Verkehrsthemen verknüpft werden sollen.

Über welchen Markt reden wir überhaupt?
Wann werden E-Fahrzeuge in nennenswerten
Stückzahlen angeboten und in welchen Regionen
der Welt? Welche Marktanteile kann man sich
vorstellen?

Die deutsche Bundesregierung hat ein klares Ziel: Bis 2020 sollen eine Million E-Fahrzeuge auf deutschen Straßen unterwegs sein. Dazu zählen batterieelektrische Fahrzeuge und Fahrzeuge mit Hybridantrieb. Andere Staaten wie die USA, Japan, Frankreich oder China haben vergleichbare Ziele. Unklar bleibt aber, ob die Zahlen tatsächlich erreicht werden können. Denn die Fahrzeuge werden auch in den nächsten Jahren deutlich teurer bleiben, die Nationale Plattform Elektromobilität (NEP) geht auch bis 2020 mindestens von einem doppelt so hohen Preis gegenüber herkömmlichen Fahrzeugen aus. Wenn also ein Kaufmarkt entstehen soll, kann dies nur über veränderte Rahmenbedingungen und finanzielle beziehungsweise steuerliche Förderung geschehen. Einig sind sich die Fachkreise, dass dies zunächst in den großen Städten Chinas zu erwarten sein wird. Denkbar ist ein Durch- und Zufahrtsverbot für Fahrzeuge mit Verbrennungskraftmaschinen. Aber auch bei diesen drastischen Maßnahmen wird der Anteil der elektrischen Fahrzeuge in den nächsten Jahrzehnten am gesamten Fahrzeugmarkt nicht mehr als fünf bis zehn Prozent betragen.

*Warum überhaupt Elektromobilität?
Ist es nicht sinnvoller, alle Ressourcen darauf zu
konzentrieren, die konventionell betriebenen Autos
effizienter zu machen und beispielsweise biogene
Ersatzstoffe für das Mineralöl zu fördern?*

Konventionelle Antriebe weiter zu optimieren und insbesondere effizienter zu machen, ist auf jeden Fall sinnvoll, da sich die Grenzwerte weiter verschärfen und diese Fahrzeuge auch auf viele Jahre hinaus noch die Märkte dominieren werden. Elektromobilität ist aber mehr als nur eine Frage des Antriebes. Elektrisch betriebene Autos, Roller und auch Fahrräder kommen ohne Öl aus, das macht sie zukunftsfähig. Denn die fossilen Energieträger sind endlich, auch wenn es gelingt, durch sparsameren Verbrauch die verbleibenden Ölreserven zu strecken. Die Zeit des billigen Öls ist definitiv zu Ende. Öl ist zunehmend schwieriger und teurer zu fördern, die ökologischen Gefährdungen der Tiefseeförderung oder der Ölschieferverwertung nehmen zu. Perspektivisch führt daher kein Weg daran vorbei, vom Öl wegzukommen. Biosprit ist keine Alternative. Die Konkurrenz um Anbauflächen ist immens. Die Formel »Teller oder Tank« ist bei einer noch Jahrzehnte wachsenden Erdbevölkerung höchst real. Schon heute werden große Anteile der landwirtschaftlichen Nutzflächen weltweit für Energiepflanzen verwendet und die Ausbeute reicht nicht einmal, auch nur einen Bruchteil des im Transportsektor benötigten Mineralöls zu ersetzen. Eine globale Substitution fossiler

Energieträger durch Biokraftstoffe ist ohne gesellschaftliche Friktionen undenkbar.

Elektromobilität hingegen profitiert nicht nur von einem höheren Wirkungsgrad der eingesetzten Energien, sondern erlaubt auch den Einstieg ins Zeitalter der erneuerbaren Energien. Strom aus Wind, Sonne und Erdwärme ist prinzipiell unendlich vorhanden, es gilt, diese Quellen zu erschließen und den Verbrauch ebenso wie die Speicherung alltagstauglich zu gestalten. Dafür können Elektrofahrzeuge ein Katalysator sein.

Die Bundesregierung hat angekündigt, allein bis 2014 nochmals eine Milliarde Euro an Steuermitteln für die Entwicklung der Elektromobilität auszugeben. Ist das nicht die Aufgabe der Autohersteller?

Es ist die Aufgabe der Automobilunternehmen. Diese werden zusammen mit den anderen beteiligten Branchen bis 2017 insgesamt mehr als 15 Milliarden Euro aus eigenen Mitteln in die Entwicklung von batterieelektrischen Fahrzeugen investieren. Das öffentliche Geld kann aber dazu genutzt werden, den volkswirtschaftlichen Nutzen der Elektromobilität sowie die interdisziplinäre und branchenübergreifende Zusammenarbeit sicherzustellen. Bund, Ländern und Gemeinden kommt in den nächsten Jahren eine Schlüsselstellung zu. Das »Regierungsprogramm Elektromobilität«, das vom Bundeskabinett im Mai 2011 verabschiedet wurde, hat diese umwelt-, verkehrs- und energiepolitischen Ziele skizziert und muss somit auch die Voraussetzung für das Generieren systemischer Kompetenz sichern. Es geht um die mehrfache Vernetzung und ihre intelligente Steuerung. Ohne eine öffentliche Förderung sind diese Ziele schwerer durchzusetzen.

Als Achillesferse für die Durchsetzung des E-Autos gilt die Batterie. Ist hier mit technologischen Durchbrüchen zu rechnen und würden diese nicht alle bisherigen Prognosen auf den Kopf stellen?

Grundsätzlich kann das keiner wissen. Da aber die elektrochemischen Grundlagen seit über 100 Jahren bekannt sind, wird es wohl auch in den nächsten Jahren keine »Wunderbatterie« geben. Die heute verfügbaren Akkumulatoren haben im Vergleich zu Benzin und Diesel alle eine dramatisch niedrigere Energiedichte. Für ein Kilogramm Benzin braucht es 80 Kilogramm Akkumulatoren, um die gleiche Energiedichte zu erhalten. Diese Relation wird sich bei allen zu erwartenden Verbesserungen in der Speichertechnik nicht grundsätzlich ändern. Mehr als 160 Kilometer sind mit der derzeitigen Fahrzeugtechnik im Alltagsbetrieb nicht zu erreichen. Das Augenmerk liegt neben einer Leistungssteigerung bei den Batterien auf der Optimierung des Fahrzeugs als Ganzem. Wichtigster Hebel hierfür ist die

Gewichtsreduktion durch Leichtbau. Optimistische Prognosen gehen davon aus, dass künftige E-Autos auf Leichtbaubasis zuverlässig Reichweiten von 200 bis maximal 250 Kilometern erreichen. Ebenfalls im Blickpunkt steht die Art und Weise der Ladetechnik. Mithilfe von Schnellladeverfahren (»DC Charging«) lässt sich der Ladevorgang auf unter eine Stunde verkürzen. Doch sind hierfür große Strommengen sowie eine entsprechend aufwendige und teure Infrastruktur notwendig.

Bedeutet Elektromobilität nicht das schleichende Ende der deutschen Autoindustrie und damit das Aus für Hunderttausende von Arbeitsplätzen, die eine hohe Qualifizierung erfordern?

E-Autos benötigen weniger Bauteile als konventionell betriebene Autos. Der Elektromotor selbst gilt als ausgereifte und verfügbare Technik, während für die Batterien noch keine hinreichende Sicherheit darüber besteht, wie sich Technologien, Kosten, Produktion und Servicemodelle entwickeln. Insofern ist der Umstieg auf eine massenhafte Elektromobilität tatsächlich mit einer dramatischen Verschiebung in der Wertschöpfung verbunden. Gewinner sind neben der Batterieproduktion und dem Leichtbau vor allem die Dienstleistungen rund um die integrierte Elektromobilität. Welche Arbeitsplatzeffekte tatsächlich eintreten, lässt sich daher nur schwer kalkulieren. Nach Berechnungen der

Nationalen Plattform Energiemobilität sind aber positive Nettoeffekte zu erwarten. Alternativen zur Beschäftigung mit E-Autos gibt es indes nicht. Versäumt die Autoindustrie diese Transformation in der Wertschöpfung, droht tatsächlich die Erosion einer ganzen Branche.

Wie groß ist der Strombedarf von E-Fahrzeugen wirklich? Wird durch den zusätzlichen Bedarf an Strom die Energiewende nicht behindert und die »Stromlücke« dadurch noch größer?

E-Fahrzeuge sind aus ökologischen und auch aus Akzeptanzgründen nur sinnvoll, wenn sie aus regenerativen Quellen gespeist werden. Eine höhere Anzahl an E-Fahrzeugen bedeutet also tatsächlich eine zusätzliche Nachfrage nach grünem Strom. Doch selbst wenn es tatsächlich gelingt, dass im Jahre 2020 eine Million E-Fahrzeuge auf deutschen Straßen unterwegs sind, würden diese lediglich einen Strommehrverbrauch von einem oder maximal zwei Prozent der Gesamtnachfrage verursachen. E-Fahrzeuge stellen also als zusätzliche Stromverbraucher keine Gefahr dar, im Gegenteil: Sie könnten sich noch zu einem wertvollen Element der Energiewende entwickeln. Gesucht werden dringend neue Speicheroptionen, um die wachsende unregelmäßige Stromproduktion einzufangen, die mit dem Ausbau von Wind- und Solaranlagen verbunden ist. Die von der Bundesregierung angepeilte Menge an E-Fahrzeugen stellt hier bereits eine nennenswerte Größe dar. Vehicle to Grid heißt das neue Geschäftsmodell, bei dem Batterien aus E-Fahrzeugen zu Puffern für überschüssigen regenerativen Strom werden, vorzugsweise in der Nacht und an nachfragearmen Wochenenden. Voraussetzung ist aber, dass die Fahrzeuge auch tatsächlich als verlässliche Auffangbecken zur Verfügung stehen. Bei privaten Nutzungen wird dies nur eingeschränkt funktionieren, Flottenbetreibern fällt es hingegen viel leichter, ein garantiertes Speichervolumen zu definierten Zeiten zur Verfügung zu stellen und die Flotten mit dem von den Verteilnetzbetreibern ausgelobten Netzintegrationsbonus zu refinanzieren.

Was passiert aber, wenn das Elektroauto nur als Zweit- oder Drittfahrzeug genutzt wird und es damit die Fahrzeugmenge sowie die Verkehrsprobleme in den Städten eher erhöht?

Die deutlich höheren Kosten der Fahrzeuge lassen für die nächsten Jahre keinen nennenswerten Kaufmarkt erwarten. Es wird die üblichen »Early Adopters« geben, die sich ein Elektroauto als Zusatzfahrzeug zulegen. Deren Zahl wird für die Verkehrslage nicht problematisch sein. Die Ergebnisse der wissenschaftlichen Befragungen aus den bisherigen Pilotversuchen sind hier alle eindeutig: Für normale Käufer sind die Kosten der Fahrzeuge zu hoch. E-Fahrzeuge lassen sich nur dann nennenswert am Markt etablieren, wenn sich die finanziellen und ordnungspolitischen Rahmenbedingungen verändern. Die Bundesregierung hat im Mai 2011 eine Reihe von Vorschlägen gemacht. Hierzu gehören neben einer Förderung von Forschung und Entwicklung auch ein kommunales Beschaffungsprogramm sowie weitere Unterstützungen für Flottenanbieter oder gewerbliche Anwendungen. Die Maßnahmen sollen so angelegt sein, dass eine Verbreitungshilfe auch die verkehrs-, umwelt- und energiepolitischen Ziele unterstützt. Eine einfache Kaufprämie, die lediglich die hohen Anschaffungskosten reduziert, so wie dies in anderen Staaten gerade versucht wird, wäre dazu nicht dienlich und wird in Deutschland auch nicht favorisiert.

Warum soll bei der Verbreitung der Elektromobilität das Carsharing so eine prominente Rolle spielen? Werden hier nicht zwei noch nicht ausgereifte Konzepte miteinander »zwangsverheiratet«?

Carsharing-Angebote entsprechen heute einem hohen professionellen Standard. Alle großen Vermietfirmen, auch alle deutschen Automobilhersteller, die Deutsche Bahn AG sowie eine Reihe von mittelständischen Unternehmen präsentieren ein breites Angebot an Kurzzeitvermietungen praktisch in jeder Stadt. Carsharing ist ein ideales Programm zur Markteinführung, weil die Nutzer kein eigenes Fahrzeug kaufen, sondern dies nur gelegentlich nutzen. Dadurch ist eine Reihe von Vorteilen denkbar: Die hohen Fixkosten verwandeln sich in moderate variable Kosten. Man kann mehr Menschen die Möglichkeit zur Nutzung anbieten, ohne dazu eine große Flotte bereitstellen zu müssen. Der Verkehr kann wesentlich effizienter organisiert werden. Ein Carsharing-Auto ersetzt – so eine Faustformel – bis zu 16 private Fahrzeuge. Die Streckenprofile des Carsharing passen, weil auch hier die allermeisten Wege kürzer als 50 Kilometer sind, und ein kalkulierbarer Teil der Flotte steht für längere Intervalle an Stationen. Damit sind lukrative Geschäftsmodelle für ein entwickeltes V2G denkbar, die beispielsweise dem Carsharing-Anbieter nicht nur günstige Stromtarife garantieren, sondern auch die Möglichkeit geben, Einspeisevergütungen in Zeiten erhöhter Nachfrage nach grünem Strom zu erhalten.

Ist die Verknüpfung elektrischer Fahrzeuge mit den Angeboten des öffentlichen Verkehrs für den Umweltverbund überhaupt von Vorteil? Muss nicht vielmehr mit »Kannibalisierungseffekten« zulasten von Bussen und Bahnen gerechnet werden?

Der öffentliche Verkehr hat es schwerer denn je, die Wünsche seiner Kunden nach individueller und flexibler Bewegung zu erfüllen. Aus diesem Grund weichen viele Menschen, sobald sie es sich leisten können, auf das private Auto aus und sind dann oftmals als Kunden von Bussen und

Bahnen verloren. Jedes zusätzliche Angebot im öffentlichen Verkehr könnte ein Mehr an Flexibilität und zusätzliche Optionen für Kunden bedeuten. Neuere Untersuchungen in Großstädten zeigen, dass sich hier aus Sicht der öffentlichen Verkehrsbetriebe tatsächlich neue Segmente erschließen lassen, wenn die Nutzung von Bussen und Bahnen gemeinsam mit elektrischen Fahrzeugen in einem integrierten Tarif oder gar mit einer Flatrate möglich wird. Mit diesen intermodalen Angeboten können sich die öffentlichen Unternehmen zu integrierten Verkehrsdienstleistern weiterentwickeln. Nur so haben sie die Aussicht, sogenannte wahlfreie Verkehrskunden, also vor allem Eigentümer privater Automobile, überhaupt zu erreichen. Dies scheint auch deshalb plausibel, weil intermodale Angebote im Vergleich zur privaten Nutzung von Automobilen preislich attraktiv sein dürften. Im Zeichen einer effizienten Stadtgestaltung wird das Abstellen privater Fahrzeuge im öffentlichen Parkraum zukünftig erheblich teurer werden.

Repräsentiert diese intermodal verknüpfte Form der Elektromobilität nicht einen »typisch deutschen Sonderweg«, während in der übrigen Welt das Auto als Statussymbol weiterhin hoch geschätzt wird?

Vordergründig und auf kurze Zeit betrachtet stimmt dies für die Schwellenländer. In Russland, Brasilien oder in China streben Menschen mittleren Alters immer noch nach

dem eigenen Auto, dem zentralen gesellschaftlichen Statussymbol. Doch beobachtet man insbesondere städtische Ju-
gendliche, dann erkennt man weltweit eine deutliche Veränderung. Junge Menschen interessieren sich heute für ganz
andere Statussymbole und pflegen ein pragmatisches Ver-
kehrsmittelverhalten. Genommen wird, was einem gerade
nutzt. Private Automobile verlieren da in allen Teilen der
Welt messbar an Bedeutung. Diese Einstellung ist auch deshalb nicht verwunderlich, weil bereits jetzt in allen großen
Metropolen der Welt angesichts des großen und lang an-
haltenden Erfolgs des privaten Autos die Verkehrslage kritisch ist. Paris und London sind daher schon seit Jahren dabei, neue Konzepte für einen konsequenten Ausbau des
öffentlichen Verkehrs zu entwickeln. Hierzu gehören neben
den klassischen Bussen und Bahnen auch öffentliche Auto-
und Fahrradangebote. Elektrische Autos und elektrische
Fahrräder spielen in diesen Planungen eine zentrale Rolle.
Andere Metropolen wie Tokio, Peking oder Schanghai folgen auf diesem Weg. Allen Angeboten ist gemein, dem privaten Auto andere, attraktive Bewegungsformen entgegen-
zustellen und dabei spielt die intermodale Elektromobilität
eine Schlüsselrolle. Die Exportmärkte für intermodale Elektromobilität könnten also früher entstehen, als dies einigen
in Deutschland lieb ist.

Literatur

acatech (Hrsg.): Wie Deutschland zum Leitanbieter für Elektromobilität werden kann. (acatech bezieht Position Nr. 6). Heidelberg u. a. 2010

ADAC: Nutzerbefragung E-Mobile. München 2010

Adler, Michael: Generation Mietwagen. Die neue Lust an einer anderen Mobilität. München 2011

Bratzel, Stefan: Das Auto aus Sicht der jungen Generation – Statussymbol oder nur Funktionsgut? Präsentation am 18. 01. 2011 auf der AutoUni Wolfsburg.

Bühler, Franziska/Neumann, Isabel/Cocron, Peter/Franke, Thomas/ Krems, Josef/ Schwalm, Maximilian/Keinath, Andreas: Die Nutzerstudie im Rahmen des Flottenversuchs MINI E Berlin – Methodisches Vorgehen und erste Erfahrungen im Rahmen der wissenschaftlichen Begleitforschung. In: Mager, Thomas J. (Hrsg.): Mobilitätsmanagement – Beiträge zur Verkehrspraxis. Köln 2010

Bundesverband Solare Mobilität (BSM): Netzintegrationsbonus für E-Mobile. Entwurf v. 12. 10. 2010, Ms.

Canzler, Weert: Mobilitätskonzepte der Zukunft und Elektromobilität.

In: Hüttl, Reinhard/Pischetsrieder, Bernd/Spath, Dieter (Hrsg.):
Elektromobilität. Potenziale und Status Quo – Herausforderungen –
offene Fragen (Reihe: acatech diskutiert). Heidelberg u. a. 2010.
S. 39–61

Canzler, Weert/Knie, Andreas: Möglichkeitsräume. Grundrisse einer
modernen Mobilitäts- und Verkehrspolitik. Wien u. a. 1998

Canzler, Weert/Knie, Andreas: Grüne Wege aus der Autokrise.
Vom Autobauer zum Mobilitätsdienstleister. Ein Strategiepapier.
Schriften zur Ökologie. Bd. 4. Berlin: Heinrich Böll Stiftung 2009

Deutsche Bank Research: Autoindustrie am Beginn einer Zeitenwende.
Beiträge zur europäischen Integration. EU-Monitor 62, Frankfurt
am Main 2009

EFI (Expertenkommission Forschung und Innovation): Gutachten 2010.
Gutachten zu Forschung, Innovation und technologischer Leistungs-
fähigkeit. Berlin 2010

**Innovationszentrum für Mobilität und gesellschaftlichen Wandel
(InnoZ):** Erste Ergebnisse aus dem BeMobility-Projekt. Berlin
2011

Knie, Andreas/Berthold, Otto/Harms, Silvia/Truffer, Bernhard:
Die Neuerfindung urbaner Mobilität. Elektroautos und ihr Gebrauch
in den USA und Europa. Berlin 1999

Knie, Andreas: Eigenraum und Eigenzeit. Zur Dialektik von Mobilität und
Verkehr. In: Soziale Welt. Heft 1/1997. S. 39–55

Matthies, Gregor/Stricker, Klaus/Traenkner, Jan: Zum E-Auto gibt es
keine Alternative. Report. Frankfurt am Main 2010

Mitchell, William J./Borroni-Bird, Christopher E./Burns, Lawrence D.:
Reinventing the Automobile. Personal Urban Mobility for the 21st
Century. Cambridge/MA 2010

Nationale Plattform Elektromobilität (NPE): Zweiter Bericht.
Berlin 2011

Projektgruppe Mobilität: Die Mobilitätsmaschine. Versuche zur
Umdeutung des Autos. Berlin 2004

Rifkin, Jeremy: Access. Das Verschwinden des Eigentums. Warum wir
weniger besitzen und mehr ausgeben werden. Frankfurt am Main/
New York 2000

Scherf, Christian/Wolter, Frank: Multimodales Mobilitätsmanagement,
In: Internationales Verkehrswesen. Jg. 63. Heft 1/2011. S. 53–57

Senatsverwaltung für Stadtentwicklung und Umweltschutz Berlin:
Stadtentwicklungsplan Berlin. Berlin 2011

Shnayerson, Michael: The Car That Could: the Inside Story of GM s
Revolutionary Electric Vehicle. New York 1996

Sperling, Dan/Gordon, Deborah: Two Billion Cars. Driving Toward
Sustainability. Oxford 2009

Spiegelberg, Gernot: »Wir brauchen keine neuen Kraftwerke«. Interview
in: como 04/2010. S. 26

Tschischak, Uwe: (Auto)Mobilität der Zukunft. Präsentation vom 16. 11. 2010
auf der AutoUni Wolfsburg.

Urry, John/Dennis, Ken: After the Car. Cambridge 2009

Verein Deutscher Elektroingenieure (VDE): Windenergie und Elektroautos. Düsseldorf 2009

Wentland, Alexander/Knie, Andreas/Simon, Dagmar: Warum aus
Forschern keine Erfinder werden. Innovationshemmnisse im
deutschen Wissenschaftssystem am Beispiel der Biotechnologie.
WZBrief Bildung 17. Berlin Juli 2011